网络规划设计师
真题及模考卷精析
（适用机考）

主编 朱小平 施游

中国水利水电出版社
www.waterpub.com.cn
·北京·

内 容 提 要

自网络规划设计师2021版考试大纲发行及2023年11月考试改为机考以来，考试内容变化较大，重点内容主要集中在路由和交换原理、路由和交换协议、路由和交换配置、IPv6、数据通信、广域通信网、局域网、城域网、因特网、网络安全、网络操作系统、存储、网络规划和设计等方面。这就导致部分历年考试试题、练习题等，不再适合作为当前备考的参考资料。

本书各试卷中的题目，基于机考考试真题，并由作者通过分析考试数据、新版大纲新增或改变的内容及作者自身丰富的授课经验编制而成。因此，本书全部题目，适合于考生当前备考使用，考生不必担心机考形式所带来的变化。本书所有的题目均配有深入的解析及答案。本书解析力图通过分析考点把复习内容延伸到所涉及的知识面，同时力图以严谨而清晰的讲解让考生真正理解知识点。希望本书能够极大地提高考生的备考效率。

本书可作为考生备考"网络规划设计师"考试的学习资料，也可供相关培训班参考使用。

图书在版编目（CIP）数据

网络规划设计师真题及模考卷精析：适用机考 / 朱小平，施游主编. -- 北京：中国水利水电出版社，2025.1. -- ISBN 978-7-5226-2990-2

Ⅰ.TP393

中国国家版本馆CIP数据核字第2024MV6239号

责任编辑：周春元　　　加工编辑：韩莹琳　　　封面设计：李　佳

书　名	网络规划设计师真题及模考卷精析（适用机考） WANGLUO GUIHUA SHEJISHI ZHENTI JI MOKAOJUAN JINGXI（SHIYONG JIKAO）
作　者	主编　朱小平　施游
出版发行	中国水利水电出版社 （北京市海淀区玉渊潭南路1号D座　100038） 网址：www.waterpub.com.cn E-mail：mchannel@263.net（答疑） 　　　　sales@mwr.gov.cn 电话：（010）68545888（营销中心）、82562819（组稿）
经　售	北京科水图书销售有限公司 电话：（010）68545874、63202643 全国各地新华书店和相关出版物销售网点
排　版	北京万水电子信息有限公司
印　刷	三河市鑫金马印装有限公司
规　格	184mm×240mm　16开本　11.75印张　300千字
版　次	2025年1月第1版　2025年1月第1次印刷
印　数	0001—3000册
定　价	48.00元

凡购买我社图书，如有缺页、倒页、脱页的，本社营销中心负责调换

版权所有·侵权必究

编委会成员

朱小平　施　游　刘　博　黄少年

刘　毅　施大泉　谢林娥　朱建胜

陈　娟　李竹村

机考说明及模拟考试平台

一、机考说明

按照《2023 年下半年计算机技术与软件专业技术资格（水平）考试有关工作调整的通告》，自 2023 年下半年起，计算机软件资格考试方式均由纸笔考试改革为计算机化考试。

考试采取科目连考、分批次考试的方式，连考的第一个科目作答结束交卷完成后自动进入第二个科目，第一个科目节余的时长可为第二个科目使用。

高级资格：综合知识和案例分析两个科目连考，作答总时长 240 分钟，综合知识科目最长作答时间 150 分钟，最短作答时间 120 分钟。综合知识交卷成功后不参加案例分析科目考试的可以离场；参加案例分析科目考试的，考试结束前 60 分钟可交卷离场。论文科目时长 120 分钟，不得提前交卷离场。

初、中级资格：基础知识和应用技术两个科目连考，作答总时长 240 分钟，基础知识科目最短作答时长 90 分钟，最长作答时长 120 分钟。选择不参加应用技术科目考试的，在基础知识交卷成功后可以离场；选择继续作答应用技术科目的，考试结束前 60 分钟可交卷离场。

二、官方模拟考试平台入口及登录方法

模考平台通常是考前 20 天左右才开放，且只针对报考成功的考生开放所报考科目的界面，具体以官方通知为准。

1. 官方模拟考试平台入口

考生报名成功后，在平台开放期间，在电脑端可通过 https://bm.ruankao.org.cn/sign/welcome 进入模拟考试系统。打开链接后，会出现如图 1 所示的界面。

图 1 全国计算机技术与软件专业技术资格（水平）考试网上报名平台

2. 登录方法

（1）单击图 1 中的"模拟练习平台"按钮，首先需要下载模考系统并进行安装。

安装完毕后，需要输入考生报名时获得的账号和密码进行登录。系统会自动匹配所报名的专业，接着选择需要练习的试卷，如图 2 所示。然后单击"确定"按钮。

图 2 "试卷选择"界面

（2）此时系统进入该考试的登录界面，如图 3 所示。输入模拟准考证号和模拟证件号码，模拟准考证号为 11111111111111（14 个 1），模拟证件号码为 111111111111111111（18 个 1），输入完成后单击"确认登录"按钮。

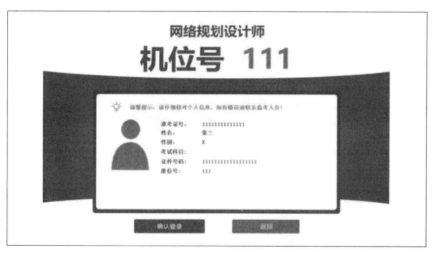

图 3 "考试登录"界面

（3）试题界面。此时，系统就进入了试题界面，如图 4 所示。

（4）试题界面及相关操作简介。从整体上看，试题界面的上方是标题栏，左侧为题号栏，右侧为试题栏。

标题栏从左到右依次显示应试人员的基本信息、本场考试名称（具体以正式考试为准）、考试科目名称、机位号、剩余时间以及"交卷"按钮。

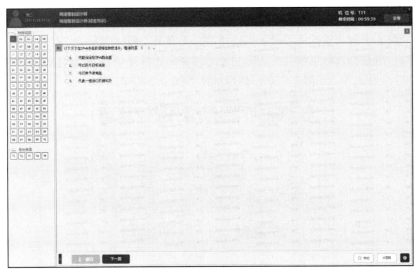

图 4 "试题"界面

题号栏显示试题序号及试题作答状态，白色背景表示未作答，蓝色背景表示已作答，橙色背景表示当前正在作答，三角形符号表示题目被标记。考试中可以充分利用系统提供的标记功能，如在做题中遇到暂时不确定的问题时，可以利用系统的标记功能对其进行标记，在做完其他试题之后，可以再根据系统的标记快速定位到这些不确定的试题并进行作答。如果试卷没有完全做完就提交，系统会提示还有几道题没有做。

提交综合知识部分的试卷后，系统会马上进入到案例分析部分的作答。案例分析部分的考试界面如图 5 所示。

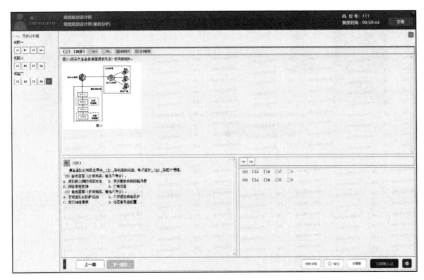

图 5 "案例分析部分"界面

案例分析部分作答时，一定要特别注意各个小题对应的序号。在考试中，如果碰到复杂的计算，也可以充分利用系统右下角提供的计算器来完成相关的计算。

待全部试题作答完成之后，如果还有较多的时间，可以适当地进行检查，待确认无误之后，可以提交试卷，完成考试。一定要留意，看到如图6所示的界面，才是最终结束考试。祝大家都顺利通过考试。

图6　考试结束界面

本书之 What & Why

为什么选择本书

通过"历年考题"来复习无疑是针对性极强且效率颇高的备考方式,但伴随着《网络规划设计师》(2021 版)考试大纲及教程的发布,各培训机构的讲师及备考考生会发现,之前的内容发生了不少的变化,从而使得"历年考题"不再适用于当前的备考了。鉴于此,我们精心组织编写了本书,以期能够让考生获得高效的备考抓手。

本书各试卷中的题目,一部分是作者结合 2021 版大纲新增或改变的内容、机考考题特点及自身丰富的授课经验而设计的,另一部分尽管源自于历年考试题,但全部都是根据 2021 版考试大纲及教程的变化进行了严格且针对性修改,而且也根据历年考试大数据分析进行了选择优化。因此,本书全部题目完全适用于当前备考。

本书所有的题目皆配有深入解析及答案。本书解析力图通过考点把复习内容延伸到所涉知识面,同时力图以严谨而清晰的讲解让考生真正理解知识点。希望本书能够极大地提高考生的备考效率。

本书作者不一般

本书由长期从事软考培训工作的朱小平老师和施游老师担任主编。

朱小平,软考面授名师、高级工程师。授课语言简练、逻辑清晰,善于把握要点、总结规律,所讲授的"网络工程师""网络规划设计师""信息安全工程师"等课程深受学员好评。

施游,国内一线软考培训专家,高级实验师,网络规划设计师、信息安全工程师、高级程序员、大数据工程师。具有丰富的软考教学与培训经验,主编或参编了多部"5 天""100 题"等软考系列丛书,深受学员、读者好评。

致谢

感谢中国水利水电出版社有限公司综合出版事业部周春元副主任在本书的策划、选题申报、写作大纲的确定以及编辑出版等方面付出的辛勤劳动和智慧,以及他给予我们的很多帮助。

另外,关注攻克要塞的公众号,我们会不定期地推送考试信息给您。

作 者
2024 年 8 月

目　　录

机考说明及模拟考试平台
本书之 What & Why
网络规划设计师机考试卷　第 1 套　综合知识卷 ··· 1
网络规划设计师机考试卷　第 1 套　案例分析卷 ··· 10
网络规划设计师机考试卷　第 1 套　论文 ·· 14
网络规划设计师机考试卷　第 1 套　综合知识卷参考答案与试题解析 ······························ 15
网络规划设计师机考试卷　第 1 套　案例分析卷参考答案与试题解析 ······························ 26
网络规划设计师机考试卷　第 1 套　论文参考范文 ··· 30
网络规划设计师机考试卷　第 2 套　综合知识卷 ··· 32
网络规划设计师机考试卷　第 2 套　案例分析卷 ··· 41
网络规划设计师机考试卷　第 2 套　论文 ·· 45
网络规划设计师机考试卷　第 2 套　综合知识卷参考答案与试题解析 ······························ 46
网络规划设计师机考试卷　第 2 套　案例分析卷参考答案与试题解析 ······························ 56
网络规划设计师机考试卷　第 2 套　论文参考范文 ··· 59
网络规划设计师机考试卷　第 3 套　综合知识卷 ··· 61
网络规划设计师机考试卷　第 3 套　案例分析卷 ··· 71
网络规划设计师机考试卷　第 3 套　论文 ·· 75
网络规划设计师机考试卷　第 3 套　综合知识卷参考答案与试题解析 ······························ 76
网络规划设计师机考试卷　第 3 套　案例分析卷参考答案与试题解析 ······························ 85
网络规划设计师机考试卷　第 3 套　论文参考范文 ··· 88
网络规划设计师机考试卷　第 4 套　综合知识卷 ··· 91
网络规划设计师机考试卷　第 4 套　案例分析卷 ··· 99
网络规划设计师机考试卷　第 4 套　论文 ·· 103
网络规划设计师机考试卷　第 4 套　综合知识卷参考答案与试题解析 ······························ 104
网络规划设计师机考试卷　第 4 套　案例分析卷参考答案与试题解析 ······························ 113
网络规划设计师机考试卷　第 4 套　论文参考范文 ··· 117
网络规划设计师机考试卷　第 5 套　综合知识卷 ··· 119
网络规划设计师机考试卷　第 5 套　案例分析卷 ··· 128
网络规划设计师机考试卷　第 5 套　论文 ·· 132
网络规划设计师机考试卷　第 5 套　综合知识卷参考答案与试题解析 ······························ 133

网络规划设计师机考试卷	第5套	案例分析卷参考答案与试题解析	140
网络规划设计师机考试卷	第5套	论文参考范文	143
网络规划设计师机考试卷	模考卷	综合知识卷	146
网络规划设计师机考试卷	模考卷	案例分析卷	153
网络规划设计师机考试卷	模考卷	论文	159
网络规划设计师机考试卷	模考卷	综合知识卷参考答案与试题解析	160
网络规划设计师机考试卷	模考卷	案例分析卷参考答案与试题解析	170
网络规划设计师机考试卷	模考卷	论文参考范文	174

网络规划设计师机考试卷 第1套
综合知识卷

- 若系统正在将__(1)__文件修改的结果写回磁盘时系统发生掉电,则对系统的影响相对较大。
  (1) A. 目录　　　　　B. 空闲盘块　　　C. 用户程序　　　D. 用户数据
- 采用三级模式结构的数据库系统中,如果对一个表创建聚簇索引,那么改变的是数据库的__(2)__。
  (2) A. 外模式　　　　B. 模式　　　　　C. 内模式　　　　D. 用户模式
- 鸿蒙操作系统(Harmony OS)为华为公司研制的一款自主版权的智能操作系统,它提出一套系统能力、适配多种终端形态的分布式理念。以下关于鸿蒙操作系统的叙述中,不正确的是__(3)__。
  (3) A. 鸿蒙架构采用层次化设计,从下向上依次为:内核层、系统服务层、框架层和应用层
  　　B. 鸿蒙操作系统内核层采用宏内核设计,拥有更强的安全特性和低时延特点
  　　C. 鸿蒙操作系统架构采用了分布式设计理念,实现了分布式软总线、分布式设备虚拟化、分布式数据管理和分布式任务调度四种分布式能力
  　　D. 架构的系统安全性主要体现在搭载 Harmony OS 的分布式终端上,可以保证"正确的人,通过正确的设备,正确地使用数据"
- AI 芯片是当前人工智能技术发展的核心技术,其能力要支持训练和推理。通常,AI 芯片的技术架构包括__(4)__等3种。
  (4) A. GPU、FPGA、ASIC　　　　　B. CPU、FPGA、DSP
  　　C. GPU、CPU、ASIC　　　　　　D. GPU、FPGA、SOC
- 数据资产的特征包括__(5)__。
  ①可增值　②可测试　③可共享　④可维护　⑤可控制　⑥可量化
  (5) A. ①②③④　　　B. ①②③⑤　　　C. ①②④⑤　　　D. ①③⑤⑥
- 以下关于软件著作权产生时间的叙述中,正确的是__(6)__。
  (6) A. 软件著作权产生自软件首次公开发表时　B. 软件著作权产生自开发者有开发意图时
  　　C. 软件著作权产生自软件开发完成之日起　D. 软件著作权产生自软件著作权登记时
- 以下存储器中,__(7)__使用电容存储信息且需要周期性地进行刷新。
  (7) A. DRAM　　　　B. EPROM　　　　C. SRAM　　　　D. EEPROM
- 与解释器相比,以下关于编译器工作方式及特点的叙述中,正确的是__(8)__。
  (8) A. 边翻译边执行,用户程序运行效率低且可移植性差
  　　B. 先翻译后执行,用户程序运行效率高且可移植性好
  　　C. 边翻译边执行,用户程序运行效率低但可移植性好
  　　D. 先翻译后执行,用户程序运行效率高但可移植性差

- 以下关于三层 C/S 结构的叙述中，不正确的是 (9) 。
    (9) A．合理划分三层结构的功能，使之在逻辑上相对独立，提高系统的可维护性和可扩展性
        B．允许更灵活有效地选用相应的软硬件平台和系统
        C．应用的各层可以并行开发，但需要相同的开发语言
        D．利用功能层有效地隔离表示层和数据层，便于严格的安全管理
- 软件开发的目标是开发出高质量的软件系统，这里的高质量不包括 (10) 。
    (10) A．软件必须满足用户规定的需求
         B．软件应遵循规定标准所定义的一系列开发准则
         C．软件开发应采用最新的开发技术
         D．软件应满足某些隐含需求如可理解性、可维护性
- 光纤信号经 10km 线路传输后光功率下降到输入功率的 50%，只考虑光纤线路的衰减，则该光纤的损耗系数为 (11) 。
    (11) A．0.1dB/km   B．0.3dB/km   C．1dB/km   D．3dB/km
- 某信道采用 16 种码元传输数据，若信号的波特率为 4800 Baud，则信道数速率 (12) 。
    (12) A．一定是 4.8kb/s   B．一定是 9.6kb/s   C．一定是 19.2kb/s   D．不确定
- 接入网中常采用硬件设备+"虚拟拨号"来实现宽带接入，"虚拟拨号"通常采用的协议是 (13) 。
    (13) A．ATM   B．NETBIOS   C．PPPoE   D．IPX/SPX
- 以下关于 IS-IS 协议的描述中，错误的是 (14) 。
    (14) A．IS-IS 使用 SPF 算法来计算路由
         B．IS-IS 是一种链路状态路由协议
         C．IS-IS 使用域（area）来建立分级的网络拓扑结构，骨干为 area 0
         D．IS-IS 通过传递 LSP 来传递链路信息，完成链路数据库的同步
- TCP 协议是 (15) 。
    (15) A．建立在可靠网络之上的可靠传输协议
         B．建立在可靠网络之上的不可靠传输协议
         C．建立在不可靠网络之上的可靠传输协议
         D．建立在不可靠网络之上的不可靠传输协议
- 路由信息中不包括 (16) 。
    (16) A．跳数   B．目的网络   C．源网络   D．路由权值
- (17) 技术将网络的数据平面、控制平面和应用平面分离。
    (17) A．网络切片   B．边缘计算   C．网络隔离   D．软件定义网络
- 以下关于生成树协议（STP）的描述中，错误的是 (18) 。
    (18) A．由 IEEE 制定的最早的 STP 标准是 IEEE 802.1D
         B．STP 运行在交换机和路由器设备上
         C．一般交换机优先级的默认值为 32768
         D．BPDU 每 2s 定时发送一次

- ___（19）___ 定义了万兆以太网标准。
  （19）A．IEEE 802.3　　B．IEEE 802.3u　　C．IEEE 802.3z　　D．IEEE 802.3ae
- 如下图所示，假设分组长度为 16000 比特，每段链路的传播速率为 $3×10^8$m/s，只考虑传输延迟和传播延迟，则端到端的总延迟为___（20）___s。

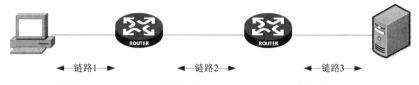

　　（20）A．0.19　　　　B．0.019　　　　C．16.67　　　　D．1.67
- 如果一个链路每秒发送 4000 个帧，每个时隙 8 比特，则该采用 TDM 的链路数据传输速率为___（21）___。
  （21）A．32kb/s　　B．500b/s　　C．500kb/s　　D．32b/s
- PPP 协议中用于识别网络层协议的是___（22）___。
  （22）A．HDLC　　B．ISDN　　C．NCP　　D．LCP
- 在 CSMA/CD 中，同一个冲突域的主机连续经过 5 次冲突后，站点在___（23）___区间中随机选择一个整数 k，则站点将等待___（24）___后重新进入 CSMA。
  （23）A．[0，5]　　B．[1，5]　　C．[0，7]　　D．[0，31]
  （24）A．$k×512$ms　　B．$k×512$ 比特时间　　C．$k×1024$ms　　D．$k×1024$ 比特时间
- 以下关于执行 MPLS 转发中，关于压入标签（Push）操作设备的描述中，正确的是___（25）___。
  （25）A．报文进入 MPLS 网络处的 LER 设备　　B．报文进入 MPLS 网络中的 LSR 设备
  　　　C．报文离开 MPLS 网络处的 LER 设备　　D．报文进入 MPLS 网络中的所有设备
- 路由器 RA 上执行如下命令，可以判断 RA 的 OSPF 进程 1 的 Router ID 是（26）。

```
[RA-GigabitEthernet0/0] ip address 192.168.1.1 24
[RA-GigabitEthernet0/0] quit
[RA] router id 2.2.2.2
[RA] ospf 1 router-id 1.1.1.1
[RA-ospf-1] quit
[RA] interface loopback 0
[RA-LoopBack0] ip address 3.3.3.3 32
```

　　（26）A．1.1.1.1　　B．2.2.2.2　　C．3.3.3.3　　D．192.168.1.1
- 如下图所示，假设客户机通过浏览器访问 HTTP 服务器试图访问一个 Web 网站，关联于 URL 的 IP 地址在其本地没有缓存，假设客户机与本地 DNS 服务器之间的延迟 RTT_0=1ms，客户机与 HTTP 服务器之间的往返延迟 RTT_HTTP=32ms，不考虑页面的传输延迟，若该 Web 页面只包含文字，则从用户单击 URL 到浏览器完整显示页面所需要的总时间为___（27）___；若客户机接着访问该服务器上另一个包含 7 个图片的 Web 页面，采用 HTTP/1.1，则上述时间为___（28）___。

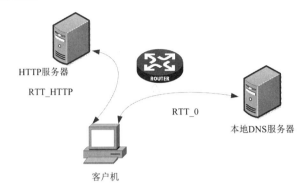

（27）A．32ms　　　B．33ms　　　C．64ms　　　D．65ms
（28）A．288ms　　B．289ms　　C．256ms　　D．257ms

● 由某抓包工具捕获的若干帧如下所示，以下描述错误的是___（29）___。

```
TCP
No.    Time         Source           Destination       Protocol
9   2.277404    192.168.43.100    113.201.242.58    TCP
10  2.297543    113.201.242.58    192.168.43.100    TCP
11  2.297630    192.168.43.100    113.201.242.58    TCP
12  2.297779    113.201.242.58    192.168.43.100    TCP
13  2.297831    192.168.43.100    113.201.242.58    TCP
14  2.297926    192.168.43.100    113.201.242.58    HTTP
>Frame 9: 66 bytes on wire(528 bits), 66 bytes captured(528 bits)
∨Ethernet II,Src:IntelCor_ae:63:ed(e8:84:a5:ae:63:ed),Dst:d2:46:48:4a:3a:66
>Destination:d2:46:48:4a:3a:66(e8:84:a5:ae:63:ed)
Type:IPv4(0X0800)
>Internet Protocol Version 4, Src: 192.168.43.100, Dst:113.201.242.58
>Transmission Control protocol, Src_port:50984, Dst_Port:80, Seq:2640449752, Len:0
```

（29）A．主机 192.168.43.100 的 MAC 地址为 e8:84:a5:ae:63:ed
　　　B．主机 113.201.242.58 的 MAC 地址为 d2:46:48:4a:3a:66
　　　C．这些帧用于请求 Web 页面
　　　D．Frame 9 的应用层报文中负载为空

● 下列关于 OpenFlow 广义转发流表的描述，正确的是___（30）___。

Switch Port	MAC src	MAC dst	Eth type	VLAN ID	VLAN Pri	IP Src	IP Dst	IP Port	IP ToS	TCP s-port	TCP d-port	Action
*	*	*	*	*	*	*	51.6.0.8	*	*	*	*	port6

Switch Port	MAC src	MAC dst	Eth type	VLAN ID	VLAN Pri	IP Src	IP Dst	IP Port	IP ToS	TCP s-port	TCP d-port	Action
*	*	*	*	*	*	*	*	*	*	*	22	drop

（30）A．NAT、防火墙、基于目标 MAC 的转发
　　　B．NAT、入侵检测系统、基于端口的转发
　　　C．基于目的地址的转发、IPS、基于端口的转发
　　　D．基于目的地址的转发、防火墙、二层转发

● 假设服务器要分发一个 5GB 的文件给 5 个对等体（Peer），如下图所示。服务器上传带宽 U_s 为 54Mb/s，5 个对等体的上传带宽分别为 u_1=19Mb/s、u_2=10Mb/s、u_3=19Mb/s、u_4=15Mb/s、u_5=10Mb/s；下载带宽分别为 d_1=24Mb/s、d_2=24Mb/s、d_3=24Mb/s、d_4=27Mb/s、d_5=29Mb/s。则采用 C/S 模式和 P2P 模式下最小传输时间分别是 ___(31)___ 。

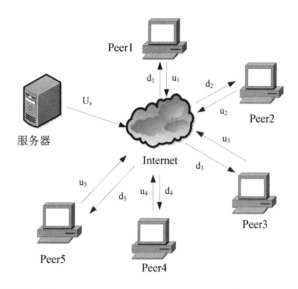

(31) A．462.96s 和 263.16s B．462.96s 和 208.33s
 　　C．92.59s 和 208.33s D．92.59s 和 196.85s

● 实用拜占庭容错算法，是一种重要的共识算法。其中，拜占庭节点中，可能出现拜占庭错误的节点或者恶意节点的数量不超过 ___(32)___ ，系统中非错误或恶意的拜占庭节点之间即可达成共识。
(32) A．1/5　　　B．1/4　　　C．1/3　　　D．1/2

● 给定 3 个 16 bit 字 0110011001100000、0101010101010101、1000111100001100，则求得的 Internet Checksum 是 ___(33)___ 。
(33) A．1011101110110101 B．1011010100111101
 　　C．0100101011000010 D．0100010001001010

● 假定在一个 CDMA 系统中，两个发送方发送的信号进行叠加，发送方 1 和接收方 1 共享的码片序列为：(1，1，1，–1，1，–1，–1，–1)，发送方 2 和接收方 2 共享的码片序列为：(–1，1，1，1，–1，1，1，1)。假设发送方 1 和发送方 2 发送的两个连续 bit 经过编码后的序列为：(2，0，2，0，2，–2，0，0)、(0，–2，0，2，0，0，2，2)，则接收方 1 接收到的两个连续 bit 应为 ___(34)___ 。
(34) A．(1，–1)　　B．(1，0)　　C．(–1，1)　　D．(0，1)

● 在如下图所示的拓扑网络中运行 Dijkstra 算法的路由协议，执行完毕后，路由器 Z 计算所得的最短路径表见下表，则可推测出链路 a 和链路 b 的费用值分别为 ___(35)___ ；表中的①处应为 ___(36)___ 。

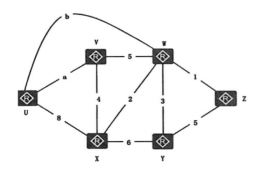

节点	从 Z 出发的最短路径	上一跳节点
Z	0	—
W	1	Z
X	3	①
Y	4	W
V	6	W
U	7	W

(35) A．无法确定和 6　　B．无法确定和无法确定　　C．1 和无法确定　　D．1 和 6
(36) A．W　　　　　B．Y　　　　　C．U　　　　　D．V

● 高可用网络设计的核心目标是　(37)　。
　(37) A．最大限度地提高网络带宽　　　　　B．最大限度地确保网络访问安全
　　　 C．最大限度地避免网络单点故障的存在　D．最大限度地降低网络管理的复杂度

● 以下措施中能够提高网络系统可扩展性的是　(38)　。
　(38) A．采用静态路由进行路由配置　　　　B．使用 OSPF 协议，并规划网络分层架构
　　　 C．使用 RIPv1 进行路由配置　　　　　D．使用 IP 地址聚合

● 下列隧道技术中本身自带加密功能的是　(39)　。
　(39) A．GRE　　　　B．L2TP　　　　C．MPLS-VPN　　　　D．IPSec

● 在 STP 协议中，在确定端口角色时，可能会用到 BPDU 中的　(40)　参数。
　(40) A．BPDU TYPE，ROOT ID，ROOT PATH COST，BRIDGE ID
　　　 B．FLAGS，ROOT PATH COST，BRIDGE ID，PORT ID
　　　 C．ROOT ID，ROOT PATH COST，BRIDGE ID，BRIDGE PORT ID
　　　 D．ROOT ID，ROOT PATH COST，BRIDGE ID，PORT ID

● 路由器 A 与路由器 B 之间建立了 BGP 连接并互相学习到了路由,路由器 B 都使用默认定时器。如果路由器间链路拥塞，导致路由器 A 收不到路由器 B 的 Keepalive 消息，则　(41)　s 后，路由器 A 认为邻居失效，并删除从路由器 B 学到的路由条目。
　(41) A．30　　　　B．90　　　　C．120　　　　D．180

● 下列路由协议中，属于 IGP 且采用链路状态算法的是　(42)　。
　(42) A．BGP　　　　B．OSPF　　　　C．RIP　　　　D．IGRP

● 以下关于 CA 为用户颁发的证书的描述中，正确的是　(43)　。
　(43) A．证书中包含用户的私钥，CA 用公钥为证书签名
　　　 B．证书中包含用户的公钥，CA 用公钥为证书签名
　　　 C．证书中包含用户的私钥，CA 用私钥为证书签名
　　　 D．证书中包含用户的公钥，CA 用私钥为证书签名

● IPSec 的两个基本协议是 AH 和 ESP，下列不属于 AH 协议的是　(44)　。
　(44) A．数据保密性保护　　B．抵抗重放攻击　　C．数据源认证　　D．数据完整性认证

- 以下关于 EFS（Encrypting File System）的描述中，错误的是 __(45)__ 。
  - （45）A．EFS 与 NTFS 文件系统集成，提供文件加密
  - B．EFS 使用对称密钥加密文件，使用非对称密钥的公钥加密共享密钥
  - C．EFS 文件加密是在文件系统层而非应用层
  - D．独立的非联网计算机不能使用 EFS 为文件加密
- 一个可用的数字签名系统需满足签名是可信的、不可伪造、不可否认、__(46)__ 。
  - （46）A．签名可重用和签名后文件不可修改　　B．签名不可重用和签名后文件不可修改
  - C．签名不可重用和签名后文件可修改　　D．签名可重用和签名后文件可修改
- SSL 的子协议主要有记录协议、__(47)__，其中 __(48)__ 用于产生会话状态的密码参数，协商加密算法及密钥等。
  - （47）A．AH 协议和 ESP 协议　　B．AH 协议和握手协议
  - C．警告协议和握手协议　　D．警告协议和 ESP 协议
  - （48）A．AH 协议　　B．握手协议　　C．警告协议　　D．ESP 协议
- 供电安全是系统安全中最基础的一个环节，通常包括机房网络设备供电、机房辅助设备供电和其他供电 3 个系统，下面由机房辅助系统供电的是__(49)__。
  - （49）A．路由器　　B．服务器设备　　C．机房办公室　　D．机房照明
- 网络效率的计算公式为：效率={[帧长−（帧头+帧尾）]/帧长}×100%，以太网的网络效率最大是 __(50)__ 。
  - （50）A．98.8%　　B．90.5%　　C．87.5%　　D．92.2%
- 下列测试指标中，可用于光纤的指标是 __(51)__ ；__(52)__ 设备可用于测试光的损耗。
  - （51）A．波长窗口参数　　B．线对间传播时延差　　C．回波损耗　　D．近端串扰
  - （52）A．光功率计　　B．稳定光源　　C．电磁辐射测试笔　　D．光时域反射仪
- 在 BGP 路由协议中，用于建立邻居关系的是 __(53)__ 报文。
  - （53）A．Open　　B．Keepalive　　C．Hello　　D．Update
- IPv6 定义了多种单播地址，表示环回地址的是__(54)__，表示本地链路单播地址的是 __(55)__ 。
  - （54）A．::/128　　B．::1/128　　C．FF00::/8　　D．FE80::/10
  - （55）A．::/128　　B．::1/128　　C．FF00::/8　　D．FE80::/10
- 在 EPON 应用中，如果用户端的家庭网关或者交换机是运营商提供并统一进行 VLAN 管理的，那么在 UNI 端口上 VLAN 操作模式应该配置为__(56)__。
  - （56）A．VLAN 标记模式　　B．VLAN 透传模式
  - C．VLAN Translation 模式　　D．VLAN Tag 模式
- 对于一个光节点覆盖 1000 户的 860MHz HFC 网络，采用 64QAM 调制方式时，网络带宽全部用于点对点的业务，则户均带宽为 __(57)__ 。
  - （57）A．3.5Mb/s　　B．7Mb/s　　C．10Mb/s　　D．12.5Mb/s
- 交换机 SWA、SWB 通过两根光纤千兆以太网链路连接在一起，其中交换机 A 上有如下接口配置：

```
[SWA]interface GigabitEthernet 1/0/1
[SWA-GigabitEthernet1/0/1] gvrp
```

```
[SWA-GigabitEthernet1/0/1] port link-type trunk
[SWA-GigabitEthernet1/0/1] port trunk permit vlan 1 10
[SWA] interface GigabitEthernet 1/0/2
[SWA-GigabitEthernet1/0/2] port link-type trunk
[SWA-GigabitEthernet1/0/2] port trunk permit vlan 1 10
```

若在 SWA 交换机上开启 MSTP，则下列描述正确的是 (58) 。

(58) A．1/0/1 和 1/0/2 无法加入同一个聚合组

B．只有将 1/0/2 的配置改为与 1/0/1 一致，二者才能加入同一个聚合组

C．1/0/1 和 1/0/2 之中有一个会被阻塞

D．1/0/1 和 1/0/2 可以参加转发

● 以下关于软件定义光网络 SDON 的描述，错误的是 (59) 。

(59) A．SDON 研究和发展的动机在于替代现有 SDN 技术

B．SDON 的可编程光层技术的目的是实现光层的软件定义、可编程

C．SDON 可以实现光网络虚拟化

D．应用 SDON 后，网络的交换点重心下移

● 以下关于存储形态和架构的描述中，错误的是 (60) 。

(60) A．块存储采用 DAS 架构　　　　B．文件存储采用 NAS 架构

C．对象存储采用去中心化架构　　D．块存储采用 NAS 架构

● 硬盘做 RAID，读写性能最高的是 (61) 。

(61) A．RAID 0　　B．RAID 1　　C．RAID 10　　D．RAID 5

● NB-IoT 的特点包括 (62) 。

①聚焦小数据量、小速率的应用，NB-IoT 设备功耗可以做到非常小；②NB-IoT 射频和天线可以复用已有网络，减少投资；③NB-IoT 室内覆盖能力强，比 LTE 提升 20dB 增益，提升了覆盖区域的能力；④NB-IoT 可以比现有无线技术提供更大的接入数。

(62) A．①②③④　　B．②③④　　C．①②③　　D．①③④

● 在 IEEE 802.11b 标准中使用的扩频通信技术是 (63) 。

(63) A．直扩（DS）　　B．跳频（FH）　　C．跳时（TH）　　D．线性调频（Chirp）

● 下列命令片段用于配置 (64) 功能。

```
<Huawei> system-view
[Huawei]interface ethernet 2/0/0
[Huawei-Ethernet2/0/0]mirror to observe-port inbound
```

(64) A．环路检测　　B．流量抑制　　C．报文检查　　D．端口镜像

● 在交换机上通过 (65) 查看到如下所示信息，其中 State 字段 Full 的含义是 (66) 。

```
OSPF Process 1 with Router ID 10.1.1.2
    Neighbors
Area 0.0.0.0 interface 10.1.1.2 （GigabitEthernet1/0/0）'s neighbors
Router ID: 10.1.1.1         Address: 10.1.1.1      GR State: Normal
State: Full    Mode: Nbr is Slave    Priority: 1
DR:10.1.1.2    BDR: 10.1.1.1         MTU: 0
Dead timer due in 35sec
Retrans timer interval: 5
```

```
Neighbor is up for 00:00:05
Authentication Sequence:[0]
```

(65) A. display vrrp statistics　　　　　　B. display ospf peer
　　　C. display vrrp verboses　　　　　　D. display XXX
(66) A. 邻居关系的初始状态　　　　　　B. 表明已经接收到了从邻居发送来的 Hello
　　　C. 已经建立对应的邻接关系　　　　D. 从该状态开始，进行 LSDB 同步操作

● 攻克要塞公司的网络管理员小王在例行巡查时，发现某存储系统的 5 号磁盘指示灯为红色，造成红色指示灯亮的主要原因可能是 __(67)__ ，应该采取 __(68)__ 措施处置。
(67) A. 数据读写频繁　　B. 磁盘故障　　　C. 磁盘温度高　　　D. 该磁盘为热备盘
(68) A. 降低 IO　　　　 B. 更换磁盘　　　C. 检查风扇　　　　D. 不用采取措施

● 某培训教室安装有 120 台终端电脑和 3 台 48 口千兆以太网交换机，3 台交换机依次级联，终端电脑通过 5 类非屏蔽双绞线连接交换机，双绞线和电源线共用防静电，地板下的线槽从机柜敷设到各终端电脑处。安装完成后培训教室内的电脑相互 ping 测试，发现时有丢包现象，丢包率为 1%~2%，造成该现象的原因可能是 __(69)__ 。
(69) A. 交换机级联影响网络传输稳定性　　B. 交换机性能太低
　　　C. 终端电脑网卡故障　　　　　　　　D. 网络线缆受到电磁干扰

● 小张是 A 公司承建的 SU 大学新校区的网络建设项目的负责人，B 公司以较低价格获得该项目所有网络设备供应权，设备采购合同约定 B 公司设备到场后，A 公司一次性支付设备款项。项目试运行后，网络系统故障不断，无法达到项目要求，A 公司更换部分设备后，才基本解决问题。经过估算，该项目最终利润可能是负值，没有达到预计的经济目标。造成该结果的主要原因是 __(70)__ 。
(70) A. 项目需求发生变更　　　　　　　　B. 项目风险识别和应对措施不充分
　　　C. 项目成本估算不合理　　　　　　　D. 项目实施计划不合理

● An advanced persistent threat (APT) is a covert __(71)__ attack on a computer network where the attacker gains and maintains __(72)__ access to the targeted network and remains undetected for a significant period. An APT is a sophisticated, long-term and __(73)__ attack, usually orchestrated by nation-state groups, or well-organized criminal enterprises. During the time between infection and remediation the hacker will often monitor, intercept, and relay information and sensitive data. The intention of an APT is usually to __(74)__ or steal data rather than cause a network outage, denial of service or infect systems with malware. APT often use social engineering tactics or exploit security __(75)__ in networks, applications or files to plant malware on target systems. A successful advanced persistent threat can be extremely effective and beneficial to the attacker.

(71) A. physical　　　　B. cyber　　　　　C. virtual　　　　　D. military
(72) A. unauthorized　　B. authorized　　　C. normal　　　　　D. frequent
(73) A. single-staged　　B. two-staged　　　C. multi-staged　　　D. never-ending
(74) A. infiltrate　　　　B. exfiltrate　　　　C. ignore　　　　　D. encode
(75) A. strategies　　　 B. privileges　　　　C. policies　　　　　D. vulnerabilities

网络规划设计师机考试卷　第 1 套
案例分析卷

试题一（共 25 分）

阅读以下说明，回答【问题 1】至【问题 4】。

【说明】某高校两个校区相距 30km，通过互联网相联。两校区网络相互独立，并采用两套认证系统，管理维护较烦琐。

现需要对校园网进行升级改造，将老校区网络作为一个子网通过线路 A 接入到新校区，与新校区有机融合到一起，实现统一的运营和管理。升级改造后校园网拓扑如图 1-1 所示。网络升级项目还包括对老校区网络两台核心交换机的更新，设备订货配件见表 1-1。

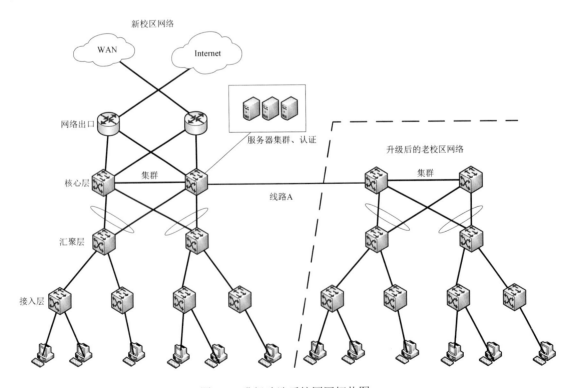

图 1-1　升级改造后校园网拓扑图

表 1-1 设备订货配件

配件编号	配件说明	数量
1	总装机箱	2
2	16 端口万兆以太网光接口卡（FC，SFP+）	2
3	24 端口百兆/千兆以太网光接口扩展卡（EC，SFP）	2
4	主控处理单元 A	2
5	主控处理单元 B	2
6	下一代防火墙业务处理板（提供负载均衡、防火墙、NAT 等功能）	2
7	CMU 监控板（主要用于系统电源模块、风扇模块等的集中管理）	2
7	风扇模块	4
7	2200W 交流电源模块	6
7	2200W 直流电源模块	2

【问题 1】（6 分）

图 1-1 中，线路 A 可以用裸光纤或光纤专线。请简要说明这两种配置的特点和利弊。

【问题 2】（10 分）

（1）本案例中老校区核心交换机升级要考虑哪些因素？

（2）校园网拓扑图 1-1 规划了设备冗余，其实现技术分别有哪些？

【问题 3】（6 分）

请根据表 1-1 所示设备订货配件回答问题。

（1）在配件编号 2、3 中配置的光纤模块 SFP+、SFP 的速率分别是多少？

（2）在配件编号 4、5 中配置 A、B 两块主控处理单元的目的是什么？

【问题 4】（3 分）

升级后的校园网实现统一运营和管理后，在技术层面上具备哪些功能？

试题二（共 25 分）

阅读以下说明，回答【问题 1】至【问题 4】。

【说明】某单位计划对园区网进行升级改造，为响应国家政策，要求相关业务支持 IPv6 访问。园区网出口包括：1Gb/s 电信 IPv4、300Mb/s 移动 IPv4、500Mb/s 电信 IPv6。作为该单位网络管理员，结合单位需求进行了相关网络设计，拓扑如图 2-1 所示。

【问题 1】（3 分）

IPv6 采用 ___(1)___ 位地址长度，在为终端分配 IPv6 地址时，动态分配方式包括 ___(2)___ 。

【问题 2】（8 分）

为保证园区内用户能正常稳定访问互联网，同时充分考虑出口链路的冗余，请简要描述出口链路的配置要点。

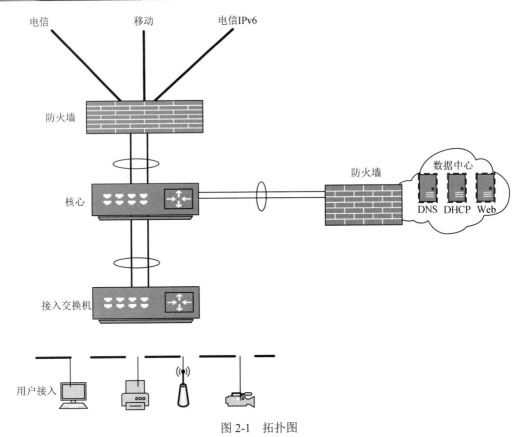

图 2-1 拓扑图

【问题 3】(6 分)

网络规划中要考虑对常见网络攻击的防护，请简要描述二层网络中可能面临的攻击（至少 3 种）。

【问题 4】(8 分)

按照规划采用双栈方式实现单位 Web 服务的 IPv6 升级改造。互联网用户可通过 IPv6 网络访问 Web 服务的 http/https 业务。Web 服务域名为 www.abc.gov.cn，分配的 IPv6 地址为 240C:C28F::1/32。请简要描述此次 Web 服务升级改造的配置项目及涉及的内容。

试题三（共 25 分）

阅读以下说明，回答【问题 1】至【问题 4】。

【说明】

案例一：某单位网站受到攻击，首页被非法篡改。经专业安全机构调查，该网站有一个两年前被人非法上传的后门程序，本次攻击就是因为其他攻击者发现该后门程序并利用其实施非法篡改。

案例二：网站管理员某天打开本单位门户网站首页后，发现自动弹出如图 3-1 所示窗口，手动关闭后每次刷新网站首页均会弹出该窗口。

图 3-1 弹出窗口

【问题 1】（4 分）

安全人员管理是信息系统安全管理的重要组成部分。新员工入职时应与其签署__(1)__明确安全责任；与关键岗位人员应签署__(2)__明确岗位职责和责任；人员离职时，应终止离岗人员的所有__(3)__权限，办理离职手续，并承诺离职后__(4)__的义务。

【问题 2】（4 分）

（1）请分析案例一中的信息系统存在的安全隐患和问题（至少回答 2 点）。

（2）针对案例一存在的安全隐患和问题，提出相应的整改措施（至少回答 2 点）。

【问题 3】（7 分）

（1）请分析案例二中门户网站存在什么漏洞。

（2）针对案例二中存在的漏洞，在软件编码方面应如何修复？

【问题 4】（10 分）

该数据中心按照等级保护第三级要求，应从哪些方面考虑物理环境安全规划？（至少回答 5 点）

网络规划设计师机考试卷 第1套
论文

论企业数据中心机房建设

企业数据中心承载了企业全部的信息应用,在规划中应按相应的安全等级标准建设。其建设内容应围绕机房装修、电气系统、空调系统、门禁系统、消防系统、综合布线、绿色节能等多项建设内容进行规划设计。同时,企业数据机房的建设还应考虑企业信息化的发展,在建设的同时考虑规划的前瞻性和扩展性的需求。

请围绕"论企业数据中心机房建设"论题,依次对以下3个方面进行论述。

1. 概要叙述你参与设计实施的数据中心机房项目以及你所承担的主要工作。

2. 具体讨论在数据中心机房的规划与设计中的主要工作内容和你所采用的原则、方法和策略,以及遇到的问题和解决措施。

3. 分析你所规划和设计的数据中心机房的实际运行效果。你现在认为应该做哪些方面的改进以及如何加以改进?

网络规划设计师机考试卷 第1套
综合知识卷参考答案与试题解析

（1）**参考答案**：A

试题解析 文件管理主要包括对索引节点、空闲盘块、目录文件、文件表和文件描述符表等的管理及使用。如果在写目录文件时发生异常，可能导致目录文件损坏，此时可能会影响整个系统无法正常对文件进行管理。

（2）**参考答案**：C

试题解析 外模式又称用户模式、子模式，它是站在用户的角度所看到的数据特征、逻辑结构，不同用户对数据有不同的需求，因此可能看到不同的外模式。模式又称概念模式，它描述数据库的全体逻辑结构和特征，一个数据库只有一个模式。内模式又称存储模式，它描述数据的物理结构和存储方式。聚簇索引也叫聚类索引，它通过映射的方式，把在物理上无序存储的表数据映射为一个有序表（如把指定的一个或多个列排序后再单独存储），这种重新组织，付出了存储空间的代价，换来的是访问效率的提高，从三级模式的视角来看，它改变的是数据库的内模式。

（3）**参考答案**：B

试题解析 鸿蒙操作系统采用了微内核而非宏内核设计。把不同的系统功能以服务的形式集成到不同的微内核之中，可极大地提高系统的可裁剪性、灵活性、移植性、可扩展性。

（4）**参考答案**：A

试题解析 AI 芯片根据其技术架构，可分为 GPU（Graphics Process Unit）、FPGA（Field Programmable Gate Array）、ASIC（Application Specific Integrated Circuit）及类脑芯片等几种。GPU 也称图形处理单元，它具有强大的并行计算能力且通用性高，因此可作为廉价的 AI 计算资源用于深度学习训练。FPGA 也称现声可编程逻辑阵列，它具有低能耗、高性能以及可编程等特性，相对于 CPU 与 GPU 有明显的性能或功耗优势。ASIC 也称专用集成电路，它通过有针对性的硬件层次的优化来获得更好的性能和更低的功耗，其缺点是需要大量的开发资金、较长的研发周期和工程周期。

（5）**参考答案**：D

试题解析 数据是能带来经济利益的数据资源，基本特性包括可增值、可控制、可量化、虚拟性、共享性、时效性、安全性等。数据资产只做评估，不做测试。

（6）**参考答案**：C

试题解析 依据《计算机软件保护条例》（2013年1月30日第二次修订）**第十四条**的规定，软件著作权自软件开发完成之日起产生。

（7）**参考答案**：A

试题解析 DRAM（Dynamic Random Access Memory）是指动态随机存储器，通常使用一个晶体管和一个电容器来存储一个比特，由于晶体管中会有漏电电流，导致电容上所存储的电荷数量并不足以长时间保持数据，因此它属于易失性存储器，进而需要对其中的数据进行周期性的刷新才可保持。SRAM（Static RAM）是指静态存储器，也属于易失性存储器，它保持数据只需通电而不需对数据进行刷新。EPROM（Erasable Programmable Read Only Memory）是指可擦写、可编程只读存储器。EEPROM（Electrically EPROM）是指电擦写可编程只读存储器，这两者都是非易失性存储器。

（8）参考答案：D

试题解析　编译器通过对源代码的编译和连接，将源代码变成一个可执行的代码，因此具有先翻译后执行的特点。编译器可以对代码进行优化，目标代码更贴近机器，因此最终代码的运行效率比较高。但相对于解释器而言，其可移植性较差。

（9）参考答案：C

试题解析　三层 C/S 结构中，在客户端和服务器端之间增加了一个应用层，所有要处理的业务逻辑都可以放在应用层上来实现，因此应用层只负责具体的业务逻辑的实现，通过专门的接口与客户端和服务器端通信，实现这些业务逻辑可以根据需要选择不同的开发语言。

（10）参考答案：C

试题解析　所谓的高质量的软件系统，通常是指在系统能够满足客户需求的前提下，具有较高的性能，良好的稳定性和可扩展性等，软件不一定要使用最新的开发技术，好用的软件才是高质量的软件。

（11）参考答案：B

试题解析　光纤衰减系数（也称损耗系数）用于表示每千米光纤对光信号功率的衰减量，其单位为 dB/km。光纤衰减系数 $a = \dfrac{10 \lg \dfrac{p_\mathrm{i}}{p_\mathrm{o}}}{L}$，其中 L 表示光纤长度（km），p_i 和 p_o 分别表示输入端功率和输出端功率（W）。本题只考虑线路的衰减，因此可直接用上述公式计算，由题意可知，$\dfrac{p_\mathrm{i}}{p_\mathrm{o}} = 2$，$L = 10$，因此 $a = \dfrac{10 \lg 2}{10} = 0.3$。

（12）参考答案：D

试题解析　如果一种编码包括 16 种码元，则此编码最少需要的码元长度为 4 bit，也就是说只要码元长度大于 4 bit 的编码，都可以包括 16 种码元。波特率是指每秒钟可以发送的码元个数，当波特率一定时，码元长度最小时其信道速率最小，本题中，最小信道速率为 4800×4=19.2kb/s。

（13）参考答案：C

试题解析　以太网不具备身份认证的功能，而 PPP（Point to Point Protocol）协议可以方便地实现用户的身份认证。PPPoE（PPP on Ethernet）就是一个在不具备身份认证的以太网上实现身份认证的协议。

（14）参考答案：C

试题解析　中间系统到中间系统（Intermediate System to Intermediate System，IS-IS）协议是一个内部网关协议（Inter Gateway Protocol，IGP）类型的协议，使用了跟开放式最短路径优先（Open Shortest Path First，OSPF）类似的 SPF 算法，它们都基于链路状态来计算路由，因此都属于链路状态路由协议。OSPF 使用域（area）来建立网络拓扑结构，area 0 为骨干区域，因此 C 项错误。

（15）**参考答案**：C

试题解析 根据 TCP/IP 网络参考模型可知，TCP 协议是面向无连接的、运行在不可靠的 IP 协议之上，通过自身的连接管理可以在不可靠的 IP 网络上实现可靠的传输。

（16）**参考答案**：C

试题解析 路由信息中可能包含的信息有到达目标网络的开销，如 RIP 协议中使用了跳数；由于在一个路由器中可能存在多种路由协议同时工作的情况，为了确定具体使用哪种路由协议，还会包含路由的优先级，也叫路由权值；目的网络用于指明要到达的网络，因此是路由信息中必须包含的。

（17）**参考答案**：D

试题解析 软件定义网络（Software Defined Network，SDN）的核心就是将数据平面、控制平面和应用平面分离。网络切片属于 5G 技术，边缘计算属于 5G+MEC 技术，网络隔离是安全技术。

（18）**参考答案**：B

试题解析 在交换网络中，为了提高网络系统的可靠性，可以设置冗余链路。为了解决冗余链路所带来的环路问题，最早由 IEEE 制定了 802.1D 标准的生成树协议。生成树协议主要用于解决 2 层网络的环路问题，因此通常只运行在交换机上。交换机之间通常每隔一定的时间就以网桥协议数据单元（Bridge Protocol Data Unit，BPDU）交换信息。大部分交换机的默认优先级为 32768，并且在修改优先级时，要求修改的数值是 4096 的整数倍。

（19）**参考答案**：D

试题解析 802.3ae 是由 IEEE 制定的万兆以太网标准，该标准仅支持光纤传输。IEEE 802.3ae 支持 IEEE 802.3 标准中定义的最小和最大帧长，不采用 CSMA/CD 方式，只用全双工方式（千兆以太网和万兆以太网的最小帧长为 512 字节）。IEEE 802.3、IEEE 802.3u、IEEE 802.3z、IEEE 802.3ae 分别代表十兆、百兆、千兆、万兆以太网。

（20）**参考答案**：B

试题解析 3 段链路的总距离为 503km，因此这 3 段链路总的<u>传播延迟</u>是 $503\times10^3/3\times10^8$=0.00168s。在源目节点中间有 2 个路由器，每个路由器都会使用存储转发的方式转发数据，因此在这 3 段链路上数据会被转发 3 次，3 次转发的<u>传输延迟（也称转发延迟）</u>时间为 $16000/(10\times10^6)$+$16000/(1\times10^6)$+$16000/(100\times10^6)$=0.01776s。因此，总延迟=传播延迟+传输延迟=0.00168+0.01776≈0.019s。

（21）**参考答案**：A

试题解析 时分复用（Time Division Multiplexing，TDM）把同一物理链路上的通信时间，分为长度相同的时间片。假设 TDM 把这条物理链路分成了 n 个信道，则这条链路就最多可支持 n 路通信（也允许把多于 1 个的时隙作为 1 个信道）。上述每个时间片也称为 1 个时隙，n 个信道连在一起，构成一个更大的时间片称为帧。可见，在每个帧中，都为每个信道分配到了特定的通信时间，这一个帧的长度也称为帧周期。<u>本题并没有给出每个帧具体包含多少个时隙，因此也就无法计</u>

算传输速率。但从本题的选项中可以臆测，每个帧只能包含 1 个时隙（但每个帧包含 1 个时隙又怎能称为是时分复用呢？），这样，4000 个帧就是 4000×8=32kb，则其速率就是 32kb/s。

（22）**参考答案**：C

试题解析 PPP 协议本身是数据链路层协议。NCP（Network Control Protocol）与 LCP（Link Control Protocol）都是 PPP 的子集。在 PPP 连接的过程中，使用 NCP 来协商网络层属性（如识别网络层协议），使用 LCP 来建立、拆除和监控 PPP 数据链路，完成二层协商。

（23）（24）**参考答案**：D B

试题解析 本题考查的是退避二进制指数算法。该算法的基本原理是，根据冲突次数 n，生成一个 $0 \sim 2^n-1$ 的整数集合，（当 $n>10$ 时，该集合不再扩大；当 $n>16$ 时，向上层协议报错）。然后随机地从该集合中选择一个数 k，再用 k 乘以 1 个争用期时间作为下次发送的随机等待时间。争用时间也称碰撞窗口，它是指信号在以太网通信两端的往返时间，对于 10Mb/s 的以太网来说，1 个争用期时间大约可以发送 512b 的数据，因此常把发送 512 比特数据的时间作为 1 个争用期时间。

（25）**参考答案**：A

试题解析 多协议标签交换（Multi-Protocol Label Switching，MPLS）的基本组成单元是标签交换路由器（Label Switching Router，LSR）。LSR 是指可以进行 MPLS 标签交换和报文转发的网络设备，也称为 MPLS 节点。根据 LSR 在 MPLS 域中位置的不同，可将 LSR 分为边缘 SLR（即 Label Edge Router，LER）和核心 LSR（Core LSR）。核心 LSR 是位于区域内部的 LSR，如果一个 LSR 的相邻节点都运行 MPLS，则该 LSR 就是核心 LSR。标签的操作类型包括标签压入（Push）、标签交换（Swap）和标签弹出（Pop）。Push 操作是指当 IP 报文进入 MPLS 域时，MPLS 边界设备在报文二层首部和 IP 首部之间插入一个新标签，或者 MPLS 中间设备根据需要，在标签栈顶增加一个新的标签。Swap 操作是指当报文在 MPLS 域内转发时，根据标签转发表，用下一跳分配的标签，替换 MPLS 报文的栈顶标签。Pop 操作是指当报文离开 MPLS 域时将 MPLS 报文的标签去掉，或者在 MPLS 倒数第二跳节点处去掉栈顶标签。

（26）**参考答案**：A

试题解析 OSPF 的 Router ID 选举规则：①首选手工配置的 Router ID，OSPF 进程手工配置的 Router ID 具有最高优先级，在全局模式下配置的公用 Router ID 的优先级仅次于手工配置的 Router ID；②在没有手工配置时，选 loopback 接口地址中最大的地址作为 Router ID；③在没有配置 loopback 接口地址时，优选其他接口的 IP 地址中最大的地址作为 Router ID。本题中，第 4 行命令是手工配置了 OSPF 1 的 Router ID，因此具有最高的优先级。

（27）（28）**参考答案**：D C

试题解析 当使用 Web 浏览器单击网址时，通常先用 DNS 服务器解析出网址中服务器的 IP 地址，再使用 HTTP 协议去访问 Web 服务器。进行 HTTP 访问时，需要先建立 TCP 连接。另外要注意的是，HTTP 1.1 支持持续连接，也就是客户端和服务器端在第一次通信时需要建立 TCP 连接，接下来如果客户端访问的是同一个服务器上的其他 Web 页面，可以不再建立 TCP 连接，因此可以节省建立 TCP 连接所消耗的时间。在第一次访问时，由于没有 DNS 缓存信息，所以其访问时间由以下 3 个部分组成：①DNS 解析时间 1ms；②建立 TCP 连接的时间 RTT_HTTP=32ms；③请求并传输页面时间 RTT_HTTP= 32ms。所以第一次访问的总时间是 1+32+32=65ms。接着继续访问页面时,由于使用的 HTTP 1.1 支持持续连接,所以在上一个 TCP 连接的基础上,省去了①和②这两部分的时间。根据选项,应该是采用了 HTTP1.1 的持续连接的非流水线方式,一个基础界面+7 个图片,一共 8 个 RTT,所以是 32×8=256ms。

(29) **参考答案**:B

📝**试题解析** 从图片的下半部分可以看到解析帧为 Frame 9。其源 MAC 地址为 e8:84:a5:ae:63:ed,源 IP 地址为 192.168.43.100;其目标 IP 地址为 113.201.242.58,目标 MAC 地址为 d2:46:48:4a:3a:66,<u>但是由于该报文不一定是到达最终目标 IP 地址的报文,因此其目标 MAC 地址可能是中间某个网关对应的 MAC 地址,并不一定是目标 IP 地址对应的 MAC 地址</u>。从传输报文的 TCP 信息可以看到其目标端口为 80,因此是用于请求 Web 页面的。从题干中可以看到它一共捕获了 66 个字节,可以看到应用层报文中的 Len=0,是一个连接请求。

(30) **参考答案**:D

📝**试题解析** 本题考查的是 SDN(软件定义网络),而 OpenFlow 标准协议是实现控制平面与转发平面联系的主要协议。通过 OpenFlow 协议,用户可以定义流表来匹配并转发报文。题干给出的两行表格就是流表中的具体两条表项的匹配域和动作(省略了优先级、统计、老化时间等字段),表下面的*号表示 any,根据匹配规则,流表是流水线顺序匹配的,可以看出,表项上半部分匹配了目的 IP 地址,表项下半部分匹配了目的端口,所以可以判定数据流匹配目的地址且从端口 22 转发出去,因此答案为 D。

(31) **参考答案**:B

📝**试题解析** 在 C/S 模式下,当服务器上传速率达到最大时,分发文件用时最少。注意,此模式下客户端的总下载速率大于服务器端的上传速率,最小分发时间就是最小传输时间。把 5Gb 文件分别发给 5 个实体总需发送的文件为 25Gb,<u>因此最小传输时间=5×5Gb/54Mb/s=25×1000/54= 462.96s(只能用 1Gb=1000Mb 代入计算,否则无正确答案)</u>。

P2P 架构在文件传输过程中的核心思想是每个节点既可作为客户端又可作为服务器端,因此在这种模式下,每当一个对等实体(节点)接收到部分数据后,该实体就能立刻使用自己的上传带宽将该数据分发给其他对等方。因此一般情况下,P2P 模式下的文件传输速度要比 C/S 模式的传输速度快,单凭这一点就可排除 C、D 选项。

由于在开始只有服务器上有该文件,因此服务器至少需完整分发该文件 1 次,所需最少用时 T_1=5000/54=92.59s;在这 92.59s 的时间内,所有对等实体也会相互分发文件,由于这 5 个对等实体的总上传带宽为 19+10+19+15+10=73Mb/s,所以这 5 个对等实体在 92.59s 内分发的总数据量为 92.59×73=6795.07Mb;由于总的需分发的数据量为 5×5000=25000Mb,因此还需分发的数据为 25000−5000−6795.07=13240.93Mb,分发这些数据的总带宽为 54+19+10+19+15+10=127Mb/s,因此分发这些数据的最小用时 T_2=13240.93/127=104.26s,因此总的最小分发用时 $T=T_1+T_2$=92.59s+104.26= 196.85s。

<u>但由于各个实体的下载速度不同,以最小下载速率为 24Mb/s 的实体来看,它接收 5Gb 的数据最少需用时 5000/24=208.33s,而这个时间大于最小分发用时 T,因此,最小传输用时为 208.33s</u>。

(32) **参考答案**:C

📝**试题解析** 实用拜占庭容错算法(Practical Byzantine Fault Tolerance,PBFT)简称拜占庭算法,

它是一种重要的共识算法,主要用于计算在一个存在多个节点的系统中若要达成共识,其中的错误或恶意节点数量不能超过多少。根据拜占庭算法的容错公式可知,如果节点中存在错误或恶意节点的个数为 f,总节点个数为 n,则当 $n \geq 3f+1$ 即 $f \leq (n-1)/3 < n/3$ 时,非错误节点之间可以达成共识。

(33)**参考答案:B**

试题解析 IP 首部校验和字段的计算方法如下:①发送数据时先将校验和字段清零,再将被检验的字节全部分成 16bit 长的二进制串(若数据部分不是偶数个字节,即最后一个字只有一个字节,则需要补一个全 0 字节),本题中直接给出的就是 3 个 16 位字,因此不存在补 0 的问题;②然后把所有的 16bit 二进制字按位相加,如果遇到进位,则将高于 16bit 的进位部分的值加到最低位上,将这个和再次求反码即得到校验码。

如果接收无差错时它的结果应该为全 1。

本题 IP 首部校验和字段的计算过程见下表。

IP 首部校验和字段的计算

0	1	1	0	0	1	1	0	0	1	1	0	0	0	0	0	把这 3 个 16bit 二进制串按位求和
0	1	0	1	0	1	0	1	0	1	0	1	0	1	0	1	
1	0	0	0	1	1	1	1	0	0	0	0	1	1	0	0	
0	1	0	0	1	0	1	0	1	1	0	0	0	0	0	1	
+1																最高位进 1,将其加到最低位
0	1	0	0	1	0	1	1	0	0	0	0	0	0	1	0	
1	0	1	1	0	1	0	0	1	1	1	1	1	1	0	1	按位取反

(34)**参考答案:B**

试题解析 CDMA(Code Division Multiple Access)即码分多址,顾名思义就是通过不同的编码来区分不同的用户(终端、站点等)。所谓的"码分",就是给每个用户指定一个编码序列,如给站点 A 指定一个编码序列(1,1,–1,1),这个编码序列就叫码片,码片当中的 0 一般记为–1。当然,作为码片的编码序列不能是任意的,首先要求各个码片不能相同,二是要各个编码序列要相互正交。当 A 要发送数据 1 时,可以用自己的码片本身来表示,当 A 要发送数据 0 时,可以用自己码片的反码表示。为什么要化简为繁呢?因为采用这样的方式,不但可使接收方知道收到的数据是 1 还是 0,同时还可以知道这个 1 是哪个站点发出来的(通过计算接收到的信号与接收方码片的规格化内积)。所谓的规格化内积,就是将两个码片序列的每一个数字分别相乘,得到的结果求和,再除以码片的长度。

接收方 1 的码片为(1,1,1,–1,1,–1,–1,–1),收到的序列为(2,0,2,0,2,–2,0,0)、(0,–2,0,2,0,0,2,2),则第 1 个序列的规格化内积=(1,1,1,–1,1,–1,–1,–1)×(2,0,2,0,2,–2,0,0)/8=(2,0,2,0,2,2,0,0)/8=(8)/8=1;第二个序列的规格化内积=(1,1,1,–1,1,–1,–1,–1)×(0,–2,0,2,0,0,2,2)/8=(0,–2,0,–2,0,0,–2,–2)/8=(–8)/8=–1。

计算结果是 1 时表示收到的是二进制 1,计算结果是–1 时表示收到的是二进制 0,因此最终接收到的数据是（1，0）。

(35)(36) **参考答案**：A A

💡 **试题解析** 根据路由图示和最短路径表可知，从 Z 出发到 X 的路径只有 Z-W-X，长度为 3，因此 X 的上一跳应为 W，所以①处的节点只能是 W。

根据最短路径表可知，由 Z 到 U 的路径开销为 7，U 的上一跳是 W，所以 W 是直接到达 U 的，并且 b 的费用=7–1=6。a 的费用由于题干缺少相关判断信息，所以无法确定。

(37) **参考答案**：C

💡 **试题解析** 高可用网络设计的核心目标是要保证可用性。可用性主要是保证网络尽可能地稳定，尽可能少地出现网络中断等现象。交换网络中，如果没有冗余设备和冗余线路，极大可能出现单点故障导致的网络中断，从而影响网络的可用性，所以要最大限度地避免单点故障。

(38) **参考答案**：B

💡 **试题解析** RIP（Routing Information Protocol）协议适合于小规模的网络使用；OSPF 使用分层架构（骨干区域、非骨干区域、特殊区域），因此有较高的可扩展性，可用于中大规模的网络；采用静态路由进行路由配置只适合路由相对比较固定的小网络；使用 IP 地址聚合可以将多个网络地址范围合并为一个大的网络段，减少主干路由器中路由的条数，从而简化网络的路由表，可以提高转发性能但并不能提高可扩展性。

(39) **参考答案**：D

💡 **试题解析** 通用路由封装协议（Generic Routing Encapsulation，GRE）是一种传统的隧道协议技术，它通过对某些网络层协议的数据报进行封装，使这些被封装的数据报能够在 IPv4 网络中传输，这种封装技术没有加密功能。第二层隧道协议（Layer 2 Tunneling Protocol，L2TP）是一种虚拟隧道协议，通常用于虚拟专用网，其自身不提供加密与可靠性验证的功能。IPSec 隧道通过封装安全协议（Encapsulation Security Protocol，ESP）对需要加密的数据进行封装，自带加密功能。

(40) **参考答案**：D

💡 **试题解析** 本题考查的是生成树协议（Spanning Tree Protocol，STP）的基本原理。STP 的主要原理是通过生成树型网络拓扑来防止网络中的冗余链路形成环路。STP 定义了 3 种端口角色：指定端口（Designated Port，DP）、根端口（Root Port，RP）和备份端口（Backup Port，BP）。对所有角色来说，端口、端口所在的交换机、根桥信息都是最重要的，每个角色都需要知道自己的端口是谁（PORT ID）、在哪个交换机上（BRIDGE ID）、根桥是谁（ROOT ID）、自己到达根桥的开销是多少（ROOT PATH COST）。

(41) **参考答案**：D

💡 **试题解析** 通常情况下，运行边界网关协议（Bridge Gateway Protocol，BGP）的路由器在建立连接后，每隔 60s 会相互发送一个 Keepalive 消息，在连续发送 3 个 Keepalive 消息都收不到 Keepalive 回复的情况下，则认为邻居关系失败并从路由器中删除从该邻居中学到的路由条目。

(42) **参考答案**：B

💡 **试题解析** OSPF（Open Shortest Path First）、RIP（Routing Information Protocol）、IGRP（Interior Gateway Routing Protocol）都属于 IGP（Interior Gateway Protocol），其中 RIP 和 IGRP 采用距离矢量算法，OSPF 采用链路状态算法。虽然 BGP（Bridge Gateway Protocol）采用链路状态算

法但它不属于 IGP。距离矢量型算法只考虑跳数，链路状态算法则包含了距离（跳数）、延时、开销等，因此基于链路状态的算法比基于距离矢量的算法更复杂，但其收敛速度快、可扩展性强。

（43）参考答案：D

▶试题解析 公钥就像人的身份证号一样，虽然是公开的，但每个人所拥有的公钥都是不同的。而数字证书的作用就是证明某个公钥是某人的，这是通过 CA 对该证书的签名（用 CA 的私钥对该证书签名/加密）来实现的。数字证书上一定要包含用户的公钥，不然就不知道这是谁的证书了。CA 用自己的私钥签名（即对证书加密）后，其他人或机构就无法伪造一个具有相同签名的数字证书，因为其他人或机构并不知道 CA 的私钥，也就无法生成一个相同的加密结果，从而该伪造证书不能用该证书对应的公钥验证通过。

（44）参考答案：A

▶试题解析 IPSec 的两个协议 AH（Authentication Header）和 ESP（Encapsulating Security Payload）中，AH 主要用于数据源认证、完整性认证和抗重放攻击，因为数据的来源信息（源 IP 字段）、完整性信息（MD5 验证字段）、抗重放攻击信息（序列号字段）都包含在 AH 数据包头部；ESP 除了具有 AH 的基本特性外还具有数据加密的功能，因此可以额外提供数据保密性保护。

（45）参考答案：D

▶试题解析 微软的 EFS 是一种对用户透明的加密文件系统，它通过与 NTFS 文件系统集成来提供系统级的文件加密。EFS 使用对称密钥加密文件，可以获得较高的加密速度，同时使用非对称密钥的公钥来加密对称密钥，这样用户就可以通过自己的私钥来得到解密文件所需的加密对称密钥。

（46）参考答案：B

▶试题解析 签名信息是由发送方私有信息生成的，其他人不可以伪造签名信息，也就是签名信息不可重用。签名之后的文件不可修改，如果签名后文件还可修改，则数字签名就失去了意义。

（47）（48）参考答案：C　B

▶试题解析 SSL（Secure Socket Layer）是一个传输层协议，它的子协议分为上下两层，下层为记录协议，上层为握手协议、密码协议和警告协议。握手协议用于协商会话双方的相互认证、密码参数、加密算法和密钥等信息。

（49）参考答案：D

▶试题解析 路由器、服务器属于机房的核心设备，通常由网络设备供电系统保障。机房照明设备属于机房辅导设备，由辅助系统供电。机房办公室属于行政管理区，由其他供电系统供电。

（50）参考答案：A

▶试题解析 以太帧的基本格式为"帧头+负载+帧尾"，其中，帧头与帧尾的长度是固定的，总共为 18 字节，因此对于以太网来说，帧长最小时效率最低，帧长最大时效率最高。以太帧的最小长度为 64 字节，最大长度为 1518 字节，因此最大效率=(1518–18)/1518=98.8%。

（51）（52）参考答案：A　D

▶试题解析 波长窗口参数是指在光纤传输中，特定波长范围内的光信号传输损耗较小，色散较小的参数。在光纤通信中，主要有三个波长窗口：850nm、1310nm 和 1550nm。这些波长被称为光谱窗口，因为它们在光波导中的传输损耗小，使得光系统能够更有效地工作。回波损耗又称为反射损耗,反射损耗=−10lg(反射功率/入射功率)。例如,如果 10%被反射,则反射损耗=−10lg(10/100)=10,如果 1%被反射,则反射损耗=−10lg(1/100)=20,反射功率与入射功率之比越小越好,因此反射损耗的值越大越好。光的损耗一般用光时域反射仪来测量,光功率计可以测量光的功率但不能测量损耗功率。

(53)**参考答案**:A

试题解析 BGP 包含 4 种报文:Open 报文——用于建立邻居关系;Update 报文——用于对等体之间交换路由信息;Notification 报文——用于反馈;Keepalive 报文——用于保持连接。

(54)(55)**参考答案**: B D

试题解析 IPv6 中的单播地址主要有 4 类:全局单播地址(公网地址)、本地单播地址(局域网内的地址)、兼容性单播地址(包含 IPv4 地址的 IPv6 地址)以及特殊单播地址(包括未指定地址及环回地址)。其中,::1/128 表示本地环回地址,类似于 IPv4 的 127.0.0.1;链路单播地址是本地单播地址的一种,仅用于本网段路由,IPv6 中以 FE80::/10 表示链路单播地址,类似于 IPv4 的 169.254.*.*。

(56)**参考答案**:B

试题解析 EPON(Ethernet Passive Optical Network)即以太网无源光网络,UNI(User Network Interface)即用户网络接口。用户端的家庭网关或者交换机是运营商提供并统一进行 VLAN 管理,故需要将 UNI 端口配置为透传模式(Trunk 模式),这样就可允许来自不同 VLAN 的数据(带有不同 VLAN ID)通过。

(57)**参考答案**:A

试题解析 在 860MHz 的混合光纤同轴电缆(Hybrid Fiber Coax,HFC)网络中,64 正交振幅调制(64 Quadrature Amplitude Modulation,64QAM)是指可同时把 6 路信号通过正交调制到一起,这样调制后的每个信号中就可包含 6bit 的数据(数据就有 64 个可能取值)。因此,理论上的户均带宽=860×6/1000≈5.16Mb/s,考虑到传输开销等因素,实际带宽肯定是小于 5.16Mb/s 的,因此选 A。

(58)**参考答案**:C

试题解析 命令行中,仅把 SWA 的两个端口配置为 Trunk 类型,但并没有把两个端口进行链路聚合,也就是并没有把两个物理端口变成逻辑上的一个端口,由于 SWA 的端口 1 和端口 2 都连了 vlan1 和 vlan10,因此 SWA 的两个端口与 vlan1 或 vlan10 就形成了回路。MSTP(Multi Span Tree Protocol)的功能就是防止出现网络环路,因此必然会有一个端口被阻塞。

(59)**参考答案**:A

试题解析 SDON 的本质是将基于 IP 网络的 SDN 思想引入到光传送网,从而实现光网络可编程化,可见 SDON 并不是要替代现有的 SDN 技术,而是为了解决光层的软件定义、可编程的问题,以实现光层的灵活管理和配置,最终实现光网的虚拟化。光网的虚拟化实际上就是把光网络的底层物理资源进行抽象和封装,从而把可以提供的网络服务从物理网络中分离出来,这就相当于在物理网络的上层又构建了一层虚拟的网络管理层(控制平面),位于物理网络中的交换点,相对来讲重心就是下移了。

(60)**参考答案**:D

⚫ **试题解析** 目前存储的主要类型是**块存储**、**文件存储**和**对象存储**。块存储的典型特点是将物理磁盘上的空间映射给主机来使用,主机通过自己的文件系统来管理文件与物理存储块的映射关系,直连存储(Direct Attached Storage,DAS)、存储区域网络(Storage Area Network,SAN)的文件管理系统都在本地服务器,因此块存储既可采用 DAS 架构也可采用 SAN 架构。文件存储的典型特征是本机以文件为单位进行存储,不关心文件与物理存储位置的映射关系,这个映射关系是由独立的文件系统来负责完成的。网络附加存储(Network Attached Storage,NAS)的文件系统就是位于独立的服务器上,因此文件存储可采用 NAS 架构。对象存储主要用于海量非结构化数据的存储(如图片、视频、文件等),它采用的是去中心化的分布式架构。

(61)参考答案:A

⚫ **试题解析** RAID 0 没有数据校验和数据冗余功能,通过把 n 个磁盘合并成一个,I/O 带宽变为单个磁盘的 n 倍,因此具有最高的读写性能。

(62)参考答案:A

⚫ **试题解析** NB-IoT(Narrow Baud IoT)即窄带物联网,是 IoT 领域的一种新兴技术。NB-IoT 的主要特点包括:聚焦于小数据量、小速率的应用,因此相关的设备功耗可以做到非常小;可直接部署于 GSM 网络、UMTS 网络或 LTE 网络,实现了既有设备的复用,又减少了投资;覆盖能力强,能实现比 LTE 高 20dB 的增益,相当于提高了 100 倍的覆盖能力;支持海量连接能力,一个扇区就可支持 10 万的连接数。

(63)参考答案:A

⚫ **试题解析** 802.11b 是一种无线局域网标准,是 802.11 的扩充,支持 2.4GHz 的频带。为了在高噪声环境中确保通信的可靠性,它使用直接序列扩频技术(Direct Sequence Spread Spectrum,DSSS)来降低通信速率,从而提高可靠性,DSSS 简称 DS。

(64)参考答案:D

⚫ **试题解析** 通过题干的命令可知是进入 ethernet 2/0/0 端口后,把其镜像到监控端口 observe-port inbound 表示仅对端口接收的报文进行监控。

(65)(66)参考答案:B C

⚫ **试题解析** 根据题目给出的信息,显示的是一个 OSPF 进程的邻居的相关信息。从 4 个选项来看,display ospf peer 是查看 ospf 中邻居路由器信息的命令,这个命令会显示邻居路由器所属的区域(Area)、与邻居路由器相连的接口(Interface)、邻居路由器的 ID(Router ID)、邻居的 IP 地址(Address)、邻居路由器的状态(State)等参数。其中,state 参数取值为 full 时,表示与邻居之间的 LSDB(Link State Date Base)已经同步完成,双方建立了邻接关系。

(67)(68)参考答案:B B

⚫ **试题解析** 存储系统的硬盘指示灯为红色通常是一种比较严重的告警提示,一般是硬盘故障。对于硬盘故障而言,最基本的解决方法是更换相同型号、相同容量的磁盘。

(69)参考答案:D

⚫ **试题解析** 由于交换机之间采用级联的方式,因此这个级联端口是共享的。共享带宽的方式在低网络负载情况下不会对网络传输的稳定性产生影响。低于 120 台终端电脑使用千兆以太网交换机,也不存在交换机性能低的问题。如果是终端电脑网卡故障,会直接导致网络通信失败,而不是出现 1%～2%的丢包率。因此最大的可能是强电和弱电共用同一个线槽（共用防静电）产生的电磁干扰导致的丢包。

（70）**参考答案**：B

📢**试题解析**　本题中的项目，显然是管理方没有对网络设备的可靠性或者性能进行充分的评估，导致在网络系统运行之后故障不断，达不到项目的要求，因此可以归纳为对项目的风险识别和应对措施不充分。

（71）（72）（73）（74）（75）**参考答案**：B　A　C　B　D

📢**试题翻译**　高级持续威胁（APT）是对计算机网络的隐蔽网络攻击，其中攻击者获得并保持对目标网络的未授权访问，并在很长一段时间内保持不被检测到。APT 是一种复杂的、长期的多阶段攻击，通常由国家团队或组织严密的犯罪企业策划。在感染和补救之间的一段时间内，黑客通常会监视、拦截和转发信息及敏感数据。APT 的意图通常是析出或窃取数据，而不是导致网络中断、拒绝服务或用恶意软件感染系统。APT 软件经常使用社会工程策略或利用网络、应用程序或文件中的安全漏洞在目标系统上植入恶意软件。一个成功的高级持久性威胁对攻击者来说是非常有效和有益的。

（71）A．物理　　　　　B．网络　　　　　C．虚拟　　　　　D．军事
（72）A．未授权　　　　B．授权　　　　　C．普通　　　　　D．经常
（73）A．单阶段　　　　B．两阶段　　　　C．多阶段　　　　D．永不停止的
（74）A．悄悄的　　　　B．析出　　　　　C．忽略　　　　　D．编码
（75）A．策略　　　　　B．特权　　　　　C．政策　　　　　D．漏洞

网络规划设计师机考试卷 第1套
案例分析卷参考答案与试题解析

试题一

【问题1】参考答案/试题解析

裸光纤是一条纯粹的物理光纤线路,由用户完全控制,适用于较短距离(不适合跨区域长距离的连接)的两端互联。链路带宽自主可控,安全保密性高,但是存在链路故障而中断的问题,可靠性比光纤专线低。如果采用自建的方式,则前期投入较高,后期使用成本低;如果采用租赁的方式,则只需要固定支出相应的使用费用即可,但是费用相对较高。

光纤专线是一条逻辑通道。它是在已有主干光纤网络上通过底层技术(SDH、MSTP、PTN、OTN)等实现用户两端或多端的互联,适用于长距离多点接入,以及接入端条件参差不齐、难度不一的场景。光纤专线的链路带宽一般比较固定且不会太高,如果要提升带宽需要向运营商申请并且额外支付费用。在保密性和安全性方面比裸光纤差,但是可靠性较高。

【问题2】参考答案

(1)可靠性、可扩展性、网络带宽、网络管理和监控、网络安全、用户接入和认证、交换机容量,业务板卡和光纤模块应适当冗余,新老设备应平滑对接等。

(2)MSTP+VRRP、堆叠、双机热备、设备板卡冗余备份、线路冗余备份。

试题解析 升级核心交换机需要考虑哪些问题,需要从核心交换机在网络架构中所处的位置和作用来考虑。核心交换机下的出入汇聚层交换机的数据都需经核心交换机来交换,因此核心交换机需具有较高的带宽、较低的延时(性能);汇聚层交换机可能需要增加,这就要求核心交换机有较强的可扩展性(端口冗余);核心交换机处于核心层位置,一旦出现故障就会影响整个网络,因此核心交换机需要高可靠(线路冗余等);需考虑新设备的一些扩展特性,如更加智能的网络管理和监控功能、更加强大的用户认证及网络安全技术等;需考虑新老设备、新老网络的平衡对接等。

设备冗余是指使用两套甚至更多的设备互为备份,从而保证系统的可靠性,常用的技术包括堆叠技术、双机热备技术以及多生成树+VRRP(Virtual Router Redundancy Protocol)技术等。线路方面可以考虑采用双线路接入。设备层面可以考虑设备板卡冗余备份等。

【问题3】参考答案

(1)SFP+的速率为10Gb/s、SFP的速率为1Gb/s。

(2)配置主控单元的目的是把交换机的管理功能与转发功能分离,用主控单元来负责系统的控制和管理工作;配置双主控单元,可实现主控单元的热备份,从而提高系统的可靠性。

试题解析 光模块(Small Form Pluggable,SFP)是一种小型的、支持热插拔的封装模块,接口为(Lucent Connector,LC),传输速率有155Mb/s、1.25Gb/s、2.5Gb/s等,主要优势是体积小,

可以在一个单独的面板上容纳更多的接口。光模块 SFP+增强了电磁屏蔽与信号保护特性，并且制定了新的电接口规范，常用于 10Gb/s 的 SONET/SDH、光纤通道、gigabit Ethernet、10 gigabit Ethernet 和 DWDM 链路中，因此 SPF+支持的速率可以达到 10Gb/s。

主控单元的主要功能有：①管理和维护功能——提供管理接口实现设备管理和维护；②实现整个系统内单板间的带外通信（即管理与控制信息不占用数据通道）。使用双主控板是为了实现两个主控板相互热备从而提高可靠性，这需要利用主控板的管理和带外通信功能并运行热备协议。

【问题 4】参考答案/试题解析

实现统一运营和管理后，在技术层面上具备的功能包括：①对用户的统一认证和统一管理；②网络设备的统一管理与维护；③提供统一的互联网出口；④可统一规划网络 IP 地址和路由协议；⑤可采用统一的安全策略及信息安全保障措施。

试题二

【问题 1】参考答案

（1）128　　（2）无状态分配和有状态分配

试题解析　　IPv6 的地址长度为 128 位，通常记为 8 组，每组为 4 位十六进制数。

在为终端分配 IP 地址时，通常采用动态分配的方式，动态分配方式又可以分为无状态分配和有状态分配两种。无状态分配是指客户端获取 IPv6 地址不依赖 DHCP 服务器，而是客户端根据路由通告（Router Advertisement，RA）和自己的 MAC 地址自己计算出自己的 IPv6 地址；有状态分配是指客户端从 DHCP 服务器的地址池中获取 IPv6 地址。

【问题 2】参考答案

配置要点：①配置负载均衡；②配置路由策略；③配置 VRRP，保证链路稳定；④配置安全策略防止网络安全攻击与非法访问；⑤合理规划内网用户，通过不同的出口链路访问外网。

试题解析　　题干要求"保证园区内用户能正常稳定访问互联网，同时充分考虑出口链路的冗余"，其中使用了双出口并互为备份。因此可以根据双出口相关技术进行配置分析。

【问题 3】参考答案

可能面临的攻击：①ARP 攻击；②MAC 地址泛洪攻击、MAC 地址欺骗；③针对生成树的 BPDU 攻击；④广播风暴攻击。

试题解析　　二层网络是广播网络，基于广播可以产生多种网络攻击方式，如 ARP 攻击、MAC 地址泛洪攻击、广播风暴攻击等。二层网络还可能使用生成树协议（STP，MSTP 等）避免网络环路的产生，因此基于这些协议的攻击也可以导致二层网络瘫痪，如 BPDU 攻击。

【问题 4】参考答案

配置项目及涉及的内容：①规划双栈网络以全面支持 IPv6、IPv4；②配置 IPv4 和 IPv6 域名解析，添加 A、AAAA 记录；③主机设置双栈协议地址；④配置 SSL 协议。

试题解析　　双栈配置的第一步是先要规划双栈网络，以全面支持 IPv6、IPv4。其次，在 DNS 服务器中为 www.abc.gov.cn 配置 IPv6 的地址解析，以便互联网用户可通过 IPv6 网络访问对应的 IPv6 地址 240C:C28F::1/32。然后，在对应的双栈主机上，既要配置 IPv4 地址，也要配置 IPv6 地址，并且 IPv6 网络要连通。最后，由于需要用 https 进行访问，因此还需要配置 SSL 协议以支持 HTTPS 访问。

试题三

【问题 1】参考答案

（1）安全责任书　（2）岗位责任书　（3）访问　（4）保密

试题解析　本题考查的是安全人员管理的相关制度与文件。通常对于新入职的员工，会根据信息系统安全管理相关制度和要求，与其签订对应的安全责任书，明确相关的安全责任和要求。对于关键岗位的人员，则应当根据相关岗位的要求，签署岗位责任书，明确岗位职责和责任。对于离职人员，必须设置系统的安全访问权限，终止其所有访问权限。同时要求离职人员做好相关的保密工作。

【问题 2】参考答案

（1）案例一存在的安全问题：①未定期查杀病毒、木马；②缺乏相应的安全防护软件；③没有对服务器进行定期安全与漏洞扫描修复漏洞；④没有严格执行相应的安全管理制度。

（2）针对案例一的整改措施：①定期查杀病毒和木马；②安装防护软件或者防火墙；③定期进行系统漏洞扫描，加固系统安全；④完善并落实安全管理制度；⑤安装 WAF 进行网站扫描与保护。

试题解析　（1）从题干的描述"某单位网站受到攻击，首页被非法篡改。经安全专业机构调查，该网站有一个两年前被人非法上传的后门程序，本次攻击就是因为其他攻击者发现该后门程序并利用其实施非法篡改。"可知几个关键信息："网页被非法篡改""两年之前被上传后门程序"。因此该信息系统存在的安全问题可以从以下几个方面考虑：

1）没有相应的安全防护软件，对系统中上传的病毒、木马、后门程序等恶意代码不能进行实时检测或者报警。对网页的恶意篡改没有防护功能。

2）没有定期查杀病毒、木马，导致一个两年前被人非法上传的后门程序被利用。说明管理员没有定期对系统进行安全检查，没有定期查杀病毒、木马等恶意代码，导致后门程序存在两年之久而没有被清除掉。

3）没有对服务器进行定期安全与漏洞扫描，导致没有及时发现漏洞并及时修复。

4）没有严格执行相应的安全管理制度，通常的系统安全管理制度要求管理员对系统有一些定期的维护、检查工作，而系统中存在两年之久的后门程序，说明没有严格执行相应的安全管理制度。

（2）只要针对信息系统存在的安全隐患和问题，逐一进行解决即可。

【问题 3】参考答案

（1）案例二门户网站存在的漏洞：跨站脚本攻击漏洞。

（2）在软件编码方面应进行的修改：①删除首页中的弹窗脚本命令；②对于网页中实现上传功能的代码严格审查，避免恶意代码被上传进来；③规范安全配置；④升级网站内容管理系统，审核并过滤代码；⑤部署 WAF 防火墙。

试题解析　（1）根据题干"自动弹出所示图，手动关闭后每次刷新首页均会弹出。"的描述可知，该网站的首页代码中被加入了弹窗的代码，也就说明该网站的首页可能被篡改或者存在跨站脚本攻击。

（2）预防网站首页被篡改或者跨站脚本攻击，通常可以从以下几个方面入手：

1）脚本代码删除，在首页中手动删除这一段弹窗脚本即可解决，同时系统要加强防护，避免再次出现被篡改的问题。

2）对于网页中有上传功能的代码严格审查，避免上传恶意代码，对于上传功能应该严格审查，避免代码有漏洞，导致异常脚本或者代码可以被利用。

3）规范安全配置，对于网页的系统程序相关安全配置进行严格审查，确保网站系统的配置是安全和规范的，避免异常代码利用配置的不全面或者配置漏洞，攻击系统。

4）升级网站内容管理系统，审核并过滤代码。

5）部署 WAF 防火墙。

【问题 4】参考答案

可以从以下几个方面考虑物理环境安全规划：物理位置的选择、物理访问控制、防盗窃和防破坏、防雷击、防火、防水和防潮、防静电、温湿度控制、电力供应、电磁防护等。

试题解析 本题考查的是国家信息安全等级保护制度第三级基本要求，对于物理环境的安全要求，主要考虑物理位置的选择、物理访问控制、防盗窃和防破坏、防雷击、防火、防水和防潮、防静电、温湿度控制、电力供应、电磁防护等。

网络规划设计师机考试卷 第1套
论文参考范文

摘要：

数据中心机房在企业网络建设中起着至关重要的作用，而机房的选址、结构设计、安防设计以及温湿度控制等因素，直接影响了数据中心机房的安全性和可靠性，决定了后续企业网络基础是否可靠，企业信息系统是否能够安全稳定地运行。文章作者结合自身参与的某水电站计算机监控系统网络规划设计与实施的项目，阐述了数据中心机房从设计、选址到施工等各个环节的主要工作内容，并就所发现的关键问题进行了详细叙述。文章最后阐述了整个设计施工过程中遇到的一系列问题，比如网络设备双供电问题、精密空调的设计及布置问题、数据中心机房对外通信的双路问题等。项目组通过结合电站的实际工作情况，有针对性地提出了解决策略与方法，最终得以保质保量地按时完成该水电站数据中心机房项目的建设，并得到了业主方的一致好评。

正文：

2020年11月，我以网络规划设计师的身份参与了某水电站计算机监控系统网络规划设计与实施项目。该项目由某水电站总公司发起，总投资500万元，项目历时6个月，目的是为了建设某水电站计算机监控系统一体化平台，采集全厂设备的状态信息和控制信息，并在此基础上进行大数据分析。该水电站的监控网络系统的网络可以分为地面控制楼和地下副厂房两个部分，通过4台核心三层交换机实现A、B双环网冗余网络。A、B双环网冗余即分别使用2台交换机构成一组网络，如1号、3号交换机互联构成A网，2号、4号交换机互联构成B网，核心交换机之间采用双链路连接，网络上的每台网络设备都通过两个网络适配器分别接入A、B网。设备正常运行时，任一条链路故障都不会影响整个网络系统的正常运行。该水电站在地面控制楼4层设置一个计算机中心机房，其旁边分别为电站中控室以及办票室，控制楼均进行了强磁屏蔽。

计算机中心机房的规划设计工作包含机房周边环境考察、中心机房布局与设计、防静电地板的设计与选择、机房结构化综合布线的设计、机房温湿度控制、UPS电源设计以及安防系统的设计等。我作为网络规划设计师，在数据中心机房的设计上坚持高安全性、高可靠性、可扩展性以及易管理等原则。

（1）高安全性原则。在进行水电站计算机机房选址时，我们尽量避开有可能发生泥石流、山体滑坡等自然灾害的地区，选择天然形成的安全地区。我们在进行机房的安防设计时，要求必须设置门禁系统和视频监控系统，加强机房的整体安全防护措施。

（2）高可靠性原则。机房采用两套独立的UPS电源系统，两台UPS系统正常情况下独立运行，当其中一台故障时，可进行联络运行，并且每台网络设备都必须采用相互独立的两路供电回路，电源分别来自两套UPS系统。

（3）可扩展性原则。UPS进行负荷核算时，必须保证一定的负荷余量，一方面为了能够让UPS运行在最佳负荷区域，另一方面也为了方便后续计算机机房的进一步扩容。计算机机房温湿度控制设计时，根据水电站机房特征，将水电站中心机房定为B级机房，温度控制范围为（23±1℃），湿度控制范围为45%~60%，因此机房必须设置精密空调系统，并且在制冷量设计时留有一定的余量。

（4）易管理原则。我们在中心机房设计方案中，配备了一套机房管理系统，用于实时对机房进行监视、报警等功能，便于运维人员统一管理机房及其设备。

在水电站数据中心机房实际建设过程中，由于设计之初的考虑不全，且设计要求与实际情况的不匹配等问题，导致在中心机房的建设管理过程中出现了各种问题。

水电站数据中心机房建筑图纸设计完成后，发电站业主进行审核，业主的运维人员根据其流域电站运行经验，提出将水电站中心机房进行隔离，分成机房设备室及机房人员工作室，这就导致了精密空调的布置位置以及制冷量需要重新进行设计和计算。但是在实际施工过程中，由于各方面的原因，导致精密空调的布置位置及制冷量并没有进行重新设计。当进行精密空调安装时，业主发现精密空调并没有布置在机房设备室，而是直接布置在人员工作室，这样导致了机房设备室控温不佳。最后我们通过新增一台精密空调部署在机房设备室，解决了上述问题。

水电站数据中心机房在进行电源供电设计时，为每台网络设备及服务器至少设计了两路电源回路，以满足设备冗余电源的需求，用于增加设备运行的可靠性。但是由于业主方面的原因，在进行设备采购时，并没有落实设备冗余供电的设计要求，导致部分纵向加密设备及隔离设备仅有一路供电电源。加密设备和隔离设备对于网络安全及业务运行起着至关重要的作用，一旦设备掉电，可能会导致业务中断。为了解决上述问题，在进行网络设备安装时，临时采购了性能高的静态切换开关，首先将两路 UPS 供电电源接入静态切换开关，再通过静态切换开关给设备供电，因为静态切换开关的切换时间小于 5ms，才能满足设备的运行要求。

水电站数据中心机房在设计之初，没有充分考虑到机房与外界通信电缆的双路问题，这就导致了只有地面控制楼电缆室至中心机房段采用完全独立的双路由设计，而地面控制楼与地面副厂房通信段并没有做到完全独立的双路设计。在实际工程中，地面控制楼与地面副厂房通信的线路仅仅是通过不同的电缆桥架进行敷设，这样只能避免因单桥架故障而导致的通信中断；但是当整个电缆井出现火灾或其他自然灾害时，将会导致地面控制楼和地下副厂房通信全部中断，会给设备的正常运行带来极大的隐患。为了解决上述问题，业主方主持召开了问题研讨会，会议明确了必须实现完全独立的双路设计。因此，在地面控制楼与地下副厂房之间又增加了一条电缆竖井，用于通信光缆的敷设，进一步提高了业务通信的可靠性。

在水电站数据中心机房建成后，虽然出现了一些小的问题，但整体运行情况良好，整个中心机房温湿度控制适中，达到了国家规范中关于 B 级机房的要求，并且得到了业主的一致好评。从业主公司的整个领域来看，该水电站中心机房设计考虑周全、成本控制到位，成为其整个领域的模范机房。

尽管从机房的整体运行情况来看，运行效果良好，但是总结此次水电站数据中心机房从设计到施工过程中的经验，还存在许多有待提高的地方。首先，对于施工单位使用的图纸，一定要再三核对是否为最终版本图纸，防止前后不一，导致施工错误。其次，在进行数据中心机房设计之初，要明确业主对于网络的需求，以及后续扩展的需求，在机房设计时应预留足够的余量；确定设备的明确位置，为满足后续设备的需求预留余量。最后，在数据中心机房施工过程中，要加强与业主及施工单位的交流，对于图纸中不满足现场施工要求的地方应及时向业主提出修改建议；及时跟业主沟通并得到反馈，杜绝完工即开始改造的现象。

项目成功实施完成，一方面可以提升我们在业内的口碑，另一方面也可以提高工作组成员的业务素养，属于一次比较成功的项目建设案例。我将在此基础上，总结经验，夯实技能，带领团队迈向新的高峰。

网络规划设计师机考试卷 第 2 套
综合知识卷

- 在 HFC 网络中，用户使用__(1)__设备接入 Internet。
  (1) A．IP 路由器　　　B．Hub　　　　C．Cable Modem　　D．Cable
- 对于后退 N 帧 ARQ 协议，如果帧编号字段为 k 位，则窗口大小__(2)__。
  (2) A．W≤2^k-1　　B．W≤2^{k-1}　　C．W=2^k　　D．W<2^{k-1}
- 如果要测试目标 202.101.1.2 的连通性并进行反向名字解析，则在 DOS 窗口中键入命令__(3)__。
  (3) A．ping -a 202.101.1.2　　　　　B．ping -n 202.101.1.2
  　　C．ping -r 202.101.1.2　　　　　D．ping -j 202.101.1.2
- 以下关于网络冗余设计的叙述中，错误的是__(4)__。
  (4) A．网络冗余目标是重复设置网络组件，以避免单个组件的失效而导致应用失效
  　　B．冗余组件可以是一台核心路由器、交换机，可以是两台设备间的一条链路，也可以是一个广域网连接，还可以是电源、风扇、设备引擎等设备上的模块
  　　C．在网络冗余设计中，备用路径主要目的是通过冗余的形式来提高网络的性能
  　　D．对于某些大型网络来说，为了确保网络中的信息安全，在独立的数据中心之外，还设置了冗余的容灾备份中心，以保证数据备份或者应用在故障下的切换
- 关于 DHCP 服务设计的说法，不合理的是__(5)__。
  (5) A．设计人员应确定 DHCP 可分配的 IP 地址段
  　　B．设计人员应确定可以使用自动分配的客户机群体
  　　C．服务器分配到最短租约期类别
  　　D．移动用户采用动态地址分配
- __(6)__的目的是检查模块之间，以及模块和已集成的软件之间的接口关系，并验证已集成的软件是否符合设计要求，其测试的技术依据是__(7)__。
  (6) A．单元测试　　　B．集成测试　　　C．系统测试　　　D．回归测试
  (7) A．软件详细设计说明书　　　　　B．技术开发合同
  　　C．软件概要设计文档　　　　　　D．软件配置文档
- 甲、乙、丙、丁 4 人加工 A、B、C、D 4 种工件所需工时见下表。指派每人加工一种工件，4 人加工 4 种工件其总工时最短的最优方案中，工件 B 应由__(8)__加工。

	A	B	C	D
甲	14	9	4	15
乙	11	7	7	10

续表

	A	B	C	D
丙	13	2	10	5
丁	17	9	15	13

(8) A. 甲　　　　　B. 乙　　　　　C. 丙　　　　　D. 丁

● 小王需要从①地开车到⑦地，可供选择的路线如下图所示。图中，各条箭线表示路段及其行驶方向，箭线旁标注的数字表示该路段的拥堵率（描述堵车的情况，即堵车概率）。拥堵率=1–畅通率，拥堵率=0 时表示完全畅通，拥堵率=1 时表示无法行驶。根据该图，小王选择拥堵情况最少（畅通情况最好）的路线是___(9)___。

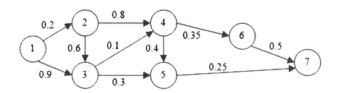

(9) A. ①②③④⑤⑦　　B. ①②③④⑥⑦　　C. ①②③⑤⑦　　D. ①②④⑥⑦

● 软件设计师王某在其公司的某一综合信息管理系统软件开发工作中承担了大部分程序设计工作。该系统交付用户投入试运行后，王某辞职离开公司，并带走了该综合信息管理系统的源程序，拒不交还公司。王某认为综合信息管理系统源程序是他独立完成的，他是综合信息管理系统源程序的软件著作权人。王某的行为___(10)___。

(10) A. 侵犯了公司的软件著作权　　　　B. 未侵犯公司的软件著作权
　　　C. 侵犯了公司的商业秘密权　　　　D. 不涉及侵犯公司的软件著作权

● 若采用后退 N 帧 ARQ 协议进行流量控制，帧编号字段为 7 位，则发送窗口最大长度为___(11)___。

(11) A. 7　　　　　B. 8　　　　　C. 127　　　　　D. 128

● 在局域网中仅某台主机上无法访问域名为 www.ccc.com 的网站（其他主机访问正常），在该主机上执行 ping 命令时显示信息如下：

```
C:\>ping www.ccc.com
ping www.ccc.com[202.117.112.36]with 32 bytes of data:
reply from 202.117.112.36:Destination net unreachable.
reply from 202.117.112.36:Destination net unreachable.
reply from 202.117.112.36:Destination net unreachable.
reply from 202.117.112.36:Destination net unreachable.
ping statistics for 202.117.112.36:
    Packets:sent=4,Received=4,Lost=0（0% loss）,
Approximate round trip times in milli-seconds:
Minimum = 0ms,Maximum = 0ms,Average = 0ms
```

分析以上信息，该机不能正常访问的可能原因是___(12)___。

(12) A. 该主机的 TCP/IP 协议配置错误

B．该主机设置的 DNS 服务器工作不正常

C．该主机遭受 ARP 攻击导致网关地址错误

D．该主机所在网络或网站所在网络中配置了 ACL 拦截规则

- 以下关于网络冗余设计的叙述中，错误的是　(13)　。

    (13) A．网络冗余设计避免了网络组件单点失效造成的应用失效

    B．备用路径提高了网络的可用性，分担了主路径的部分流量

    C．负载分担是通过并行链路提供流量分担

    D．网络中存在备用路径、备用链路时，通常加入负载分担设计

- 在客户机上运行 nslookup 查询某服务器名称时能解析出 IP 地址，查询 IP 地址时却不能解析出服务器名称，解决这一问题的方法是　(14)　。

    (14) A．清除 DNS 缓存　　　　　　　B．刷新 DNS 缓存

    　　　 C．为该服务器创建 PTR 记录　　D．重启 DNS 服务

- 在 DHCP 服务器设计的过程中，不同的主机划分为不同的类别进行管理，下列划分中合理的是　(15)　。

    (15) A．移动用户采用保留地址　　　　B．服务器可以采用保留地址

    　　　 C．服务器划分到租约期最短的类别　D．固定用户划分到租约期较短的类别

- 站点 A 与站点 B 采用 HDLC 进行通信，数据传输过程如右图所示。建立连接的 SABME 帧是　(16)　。在接收到站点 B 发来的"REJ,1"帧后，站点 A 后续应发送的 3 个帧是　(17)　帧。

    (16) A．数据帧　　　　B．监控帧

    　　　 C．无编号帧　　　D．混合帧

    (17) A．1,3,4　　　　　B．3,4,5

    　　　 C．2,3,4　　　　　D．1,2,3

- 在域名服务器的配置过程中，通常　(18)　。

    (18) A．根域名服务器和域内主域名服务器均采用迭代算法

    B．根域名服务器和域内主域名服务器均采用递归算法

    C．根域名服务器采用迭代算法，域内主域名服务器采用递归算法

    D．根域名服务器采用递归算法，域内主域名服务器采用迭代算法

- 在 Windows 操作系统中，启动 DNS 缓存服务的是　(19)　；采用命令　(20)　可以清除本地缓存中的 DNS 记录。

    (19) A．DNS Cache　　B．DNS Client　　　C．DNS Flush　　　D．DNS Start

    (20) A．ipconfig/flushdns　B．ipconfig/cleardns　C．ipconfig/renew　D．ipconfig/release

- 下列协议中，不用于数据加密的是　(21)　。

    (21) A．IDEA　　　　B．Diffie-Hellman　　C．AES　　　　　D．RC4

- SDH 的帧结构包含　(22)　。

    (22) A．再生段开销、复用段开销、管理单元指针、信息净负荷

    B．通道开销、信息净负荷、段开销

C. 容器、虚容器、复用、映射
D. 再生段开销、复用段开销、通道开销、管理单元指针

● 假设客户端采用持久型 HTTP1.1 版本向服务器请求一个包含 10 个图片的网页。设基本页面传输时间为 Tbas，图片传输的平均时间为 Timg，客户端到服务器之间的往返时间为 RTT，则从客户端请求开始到完整取回该网页所需的时间为___(23)___。

(23) A. 1×RTT+1×Tbas+10×Timg   B. 1×RTT+10×Tbas+10×Timg
   C. 5×RTT+1×Tbas+10×Timg   D. 11×RTT+1×Tbas+10×Timg

● 在 CSMA/CD 中，同一个冲突域中的主机连续经过 3 次冲突后，每个站点在接下来信道空闲的时候立即传输的概率是___(24)___。

(24) A. 1   B. 0.5   C. 0.25   D. 0.125

● 在下图所示的网络拓扑中，假设自治系统 AS3 和 AS2 内部运行 OSPF，AS1 和 AS4 内部运行 RIP。各自治系统间用 BGP 作为路由协议，并假设 AS2 和 AS4 之间没有物理链路，则路由器 3c 基于___(25)___协议学习到网络 X 的可达性信息，1d 通过___(26)___学习到 X 的可达性信息。

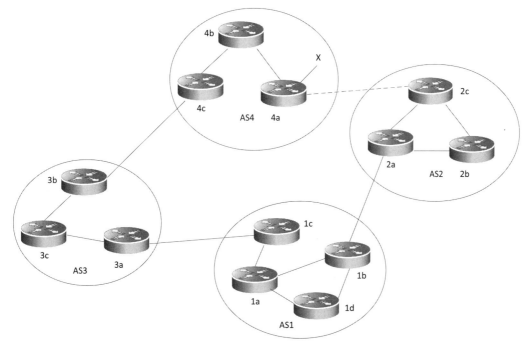

(25) A. OSPF   B. RIP   C. EBGP   D. IBGP
(26) A. 3a   B. 1a   C. 1b   D. 1c

● Traceroute 在进行路由追踪时发出的 ICMP 消息为___(27)___，收到的消息是中间节点或目的节点返回的___(28)___。

(27) A. Echo Request   B. Timestamp Request
   C. Echo Reply   D. Timestamp Reply

（28）A．Destination Unreachable　　　　　B．TTL Exceeded
　　　C．Parameter Problem　　　　　　　　D．Source Route Failed

● 下列不属于快速 UDP 网络连接（QUIC）协议优势的是__(29)__。
（29）A．高速且无连接　　　　　　　B．避免队头阻塞的多路复用
　　　C．连接迁移　　　　　　　　　D．前向冗余纠错

● 对于链路状态路由算法而言，若共有 N 个路由器，路由器之间共有 M 条链路，则链路状态通告的消息复杂度以及接下来算法执行的时间复杂度分别是__(30)__。
（30）A．$O(M^2)$ 和 $O(N^2)$　　B．$O(NM)$ 和 $O(N^2)$　　C．$O(N^2)$ 和 $O(M^2)$　　D．$O(NM)$ 和 $O(M^2)$

● 距离向量路由协议所采用的核心算法是__(31)__。
（31）A．Dijkstra 算法　　B．Prim 算法　　C．Floyd 算法　　D．Bellman-Ford 算法

● IPv4 报文分片和重组分别发生在__(32)__。
（32）A．源端和目的端　　　　　　　　　　B．需要分片的中间路由器和目的端
　　　C．源端和需要分片的中间路由器　　　D．需要分片的中间路由器和下一跳路由器

● 下图为某网络拓扑的片段，将 1、2 两条链路聚合成链路 G1，并与链路 3 形成 VRRP 主备关系，管理员发现在链路 2 出现 CRC 错误告警，此时该网络区域可能会发生的现象是__(33)__。

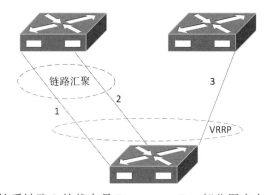

（33）A．从网管系统看链路 2 的状态是 Down　　　B．部分用户上网将会出现延迟卡顿
　　　C．VRRP 主备链路将发生切换　　　　　　　D．G1 链路上的流量将会达到负载上限

● 若循环冗余校验码（CRC）的生成器为 10111，则对于数据 10100010000 计算的校验码应为__(34)__。该 CRC 校验码能够检测出的突发长度不超过__(35)__。
（34）A．1101　　　　B．11011　　　　C．1001　　　　D．10011
（35）A．3　　　　　B．4　　　　　　C．5　　　　　　D．6

● __(36)__ 子系统是楼宇布线的组成部分。
（36）A．接入　　　　B．交换　　　　C．垂直　　　　D．骨干

● 客户端通过 DHCP 获得 IP 地址的顺序正确的是__(37)__。
①客户端发送 DHCP REQUEST 请求 IP 地址
②SERVER 发送 DHCP OFFER 报文响应
③客户端发送 DHCP DISCOVER 报文寻找 DHCP SERVER

④SERVER 收到请求后回应 ACK 响应请求

(37) A．①②③④　　　B．①④③②　　　C．③②①④　　　D．③④①②

- 某高校计划采用扁平化的网络结构。为了限制广播域、解决 VLAN 资源紧缺的问题，学校计划采用 QinQ（802.1Q-in-802.1Q）技术对接入层网络进行端口隔离。以下关于 QinQ 技术的叙述中，错误的是__(38)__。

(38) A．一旦在端口启用了 QinQ，单层 VLAN 的数据报文将没有办法通过

B．QinQ 技术标准出自 IEEE 802.1ad

C．QinQ 技术扩展了 VLAN 数目，使 VLAN 的数目最多可达 4094×4094 个

D．QinQ 技术分为基本 QinQ 和灵活 QinQ 两种

- 下列支持 IPv6 的是__(39)__。

(39) A．OSPFv1　　　B．OSPFv2　　　C．OSPFv3　　　D．OSPFv4

- 以下关于 OSPF 特性的叙述中，错误的是__(40)__。

(40) A．OSPF 采用链路状态算法

B．每个路由器通过泛洪 LSA 向外发布本地链路状态信息

C．每台 OSPF 设备收集 LSA 形成链路状态数据库

D．OSPF 区域 0 中所有路由器上的 LSDB 都相同

- 策略路由通常不支持根据__(41)__来指定数据包转发策略。

(41) A．源主机 IP　　　B．时间　　　C．源主机 MAC　　　D．报文长度

- SDN 的网络架构中不包含__(42)__。

(42) A．逻辑层　　　B．控制层　　　C．转发层　　　D．应用层

- 窃取是一种针对数据或系统的__(43)__的攻击。DDoS 攻击可以破坏数据或系统的__(44)__。

(43) A．可用性　　　B．保密性　　　C．完整性　　　D．真实性

(44) A．可用性　　　B．保密性　　　C．完整性　　　D．真实性

- 以下关于 IPSec 的说法中，错误的是__(45)__。

(45) A．IPSec 用于增强 IP 网络的安全性，有传输模式和隧道模式两种模式

B．认证头（AH）提供数据完整性认证、数据源认证和数据机密性服务

C．在传输模式中，认证头仅对 IP 报文的数据部分进行了重新封装

D．在隧道模式中，认证头对含原 IP 头在内的所有字段都进行了封装

- __(46)__是由我国自主研发的无线网络安全协议。

(46) A．WAPI　　　B．WEP　　　C．WPA　　　D．TKIP

- 某 Web 网站向 CA 申请了数字证书。用户登录过程中可通过验证__(47)__确认该数字证书的有效性，以__(48)__。

(47) A．CA 的签名　　　B．网站的签名　　　C．会话密钥　　　D．DES 密码

(48) A．向网站确认自己的身份　　　B．获取访问网站的权限

C．和网站进行双向认证　　　D．验证网站的真伪

- 某公司要求数据备份周期为 7 天，考虑到数据恢复的时间效率，需采用__(49)__策略。

(49) A．定期完全备份　　　B．定期完全备份+每日增量备份

C．定期完全备份+每日差异备份　　D．定期完全备份+每日交替增量备份和差异备份

- 某网站的域名是www.xyz.com，使用SSL安全页面，用户可以使用__（50）__访问该网站。

（50）A．http：//www.xyz.com　　　　　B．https：//www.xyz.com
　　　C．files：//www.xyz.com　　　　　D．ftp：//www.xyz.com

- 以下关于链路加密的说法中，错误的是__（51）__。

（51）A．链路加密网络中每条链路独立实现加密
　　　B．链路中的每个节点对数据单元的数据和控制信息均会加密保护
　　　C．链路中的每个节点均需对数据单元进行加、解密
　　　D．链路加密适用于广播网络和点到点网络

- 在运行OSPF的路由器中，可以使用__（52）__命令查看OSPF进程下路由计算的统计信息，使用__（53）__命令查看OSPF邻居状态信息。

（52）A．display ospf cumulative　　　　B．display ospf spf-statistics
　　　C．display ospf global-statics　　　D．display ospf request-queue
（53）A．display ospf peer　　　　　　　B．display ip ospf peer
　　　C．display ospf neighbor　　　　　D．display ip ospf neighbor

- 以下关于IPv6地址的说法中，错误的是__（54）__。

（54）A．IPv6采用冒号十六进制，长度为128比特
　　　B．IPv6在进行地址压缩时双冒号可以使用多次
　　　C．IPv6地址中多个相邻的全零分段可以用双冒号表示
　　　D．IPv6地址各分段开头的0可以省略

- 在IPv6中，__（55）__首部是每个中间路由器都需要处理的。

（55）A．逐跳选项　　　B．分片选项　　　C．鉴别选项　　　D．路由选项

- 在GPON中，上行链路采用__（56）__的方式传输数据。

（56）A．TDMA　　　　B．FDMA　　　　C．CDMA　　　　D．SDMA

- 在PON中，上行传输波长为__（57）__nm。

（57）A．850　　　　　B．1310　　　　　C．1490　　　　　D．1550

- 某居民小区采用FTTB+HGW网络组网，通常情况下，网络中的__（58）__部署在汇聚机房。

（58）A．HGW　　　　B．Splitter　　　　C．OLT　　　　　D．ONU

- 以下关于光功率计功能的说法中，错误的是__（59）__。

（59）A．可以测量激光光源的输出功率　　　B．可以测量LED光源的输出功率
　　　C．可以确认光纤链路的损耗估计　　　D．可以通过光纤一端测得光纤损耗

- 8块300GB的硬盘做RAID5后的容量是__（60）__，RAID5最多可以损坏__（61）__块硬盘而不丢失数据。

（60）A．1.8TB　　　　B．2.1TB　　　　C．2.4TB　　　　D．1.2TB
（61）A．0　　　　　　B．1　　　　　　C．2　　　　　　D．3

- 在无线网络中，通过射频资源管理可以配置的任务不包括__（62）__。

（62）A．射频调优　　　B．频谱导航　　　C．智能漫游　　　D．终端定位

● 在无线网络中，天线最基本的属性不包括__(63)__。
  (63) A．增益　　　　B．频段　　　　C．极化　　　　D．方向性
● 下列路由表的概要信息中，迭代路由是__(64)__，不同的静态路由有__(65)__条。

```
<HUAWEI>display ip routing-table
Route Flags: R - relay, D - download to fib
--------------------------------------------------------------------------------
Routing Tables: Public
         Destinations :6        Routes :7
         Destination/Mask    Proto   Pre  Cost  Flags   NextHop       Interface
         1.1.1.1/32          Static  60   0     D       0.0.0.0       NULL0
                             Static  60   0     D       10.10.0.2     Vlanif100
         10.2.2.2/32         Static  60   0     RD      10.1.1.1      NULL0
                             Static  60   0     RD      10.1.1.1      Vlanif100
         10.10.0.0/24        Direct  0    0     D       10.10.0.1     Vlanif100
         10.10.0.1/32        Direct  0    0     D       127.0.0.1     Vlanif100
         127.0.0.0/8         Direct  0    0     D       127.0.0.1     InLoopBack0
         127.0.0.1/32        Direct  0    0     D       127.0.0.1     InLoopBack0
```

  (64) A．10.10.0.0/24　　B．10.2.2.2/32　　C．127.0.0.0/8　　D．10.1.1.1/32
  (65) A．1　　　　　　　B．2　　　　　　　C．3　　　　　　　D．4
● 下列命令片段用于配置__(66)__功能。

```
<HUAWEI>system-view
[~HUAWEI]interface 10ge 1/0/1
[~HUAWEI-10GE1/0/1]loopback-detect enable
[*HUAWEI-10GE1/0/1]commit
```

  (66) A．环路检测　　　B．流量抑制　　　C．报文检查　　　D．端口镜像
● 某主机可以 ping 通本机地址，而无法 ping 通网关地址，网络配置如下图所示，造成该故障的原因可能是__(67)__。

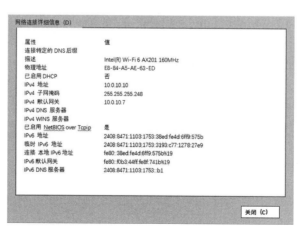

  (67) A．该主机的地址是广播地址　　　　B．默认网关地址不属于该主机所在的子网
       C．该主机的地址是组播地址　　　　D．默认网关地址是组播地址

● 某分公司财务 PC 通过专网与总部财务系统连接，拓扑如下图所示。某天，分公司财务 PC 访问总部财务系统速度缓慢、时断时好，网络管理员在财务 PC 端 ping 总部财务系统，发现有网络丢包，在光电转换器 1 处 ping 总部财务系统网络丢包症状同上，在专网接入终端处 ping 总部财务系统，网络延时正常无丢包，光纤 1 两端测得光衰为–28dBm，光电转换器 1 和 2 指示灯绿色闪烁。初步判断该故障原因可能是 __(68)__ ，可采用 __(69)__ 措施较为合理。

(68) A. 财务 PC 终端网卡故障　　　　　　B. 双绞线 1 链路故障
   C. 光纤 1 链路故障　　　　　　　　D. 光电转换器 1、2 故障
(69) A. 更换财务 PC 终端网卡　　　　　　B. 更换双绞线 1
   C. 检查光纤 1 链路，排除故障，降低光衰　　D. 更换光电转换器 1、2

● 以下关于项目风险管理的说法中，不正确的是 __(70)__ 。
(70) A. 通过风险分析可以避免风险发生，保证项目总目标的顺利实现
   B. 通过风险分析可以增强项目成本管理的准确性和现实性
   C. 通过风险分析来识别、评估和评价需求变动，并计算其对盈亏的影响
   D. 风险管理就是在风险分析的基础上拟定出各种具体的风险应对措施

● Data security is the practice of protecting digital information from __(71)__ access, corruption, or theft throughout its entire lifecycle. It is a concept that encompasses every aspect of information security from the __(72)__ security of hardware and storage devices to administrative and access controls, as well as the logical security of software applications. It also includes organizational __(73)__ and procedures. Data security involves deploying tools and technologies that enhance the organization's visibility into where its critical data resides and how it is used. These tools and technologies should __(74)__ the growing challenges inherent in securing today's complex distributed, hybrid, and/or multicloud computing environments. Ideally, these tools should be able to apply protections like __(75)__ , data masking, and redaction of sensitive files, and should automate reporting to streamline audits and adhering to regulatory requirements.

(71) A. unauthorized B. authorized C. normal D. frequent
(72) A. logical   B. physical C. network D. information
(73) A. behaviors B. cultures C. policies D. structures
(74) A. address B. define C. ignore D. pose
(75) A. compression B. encryption C. decryption D. translation

网络规划设计师机考试卷 第2套
案例分析卷

试题一（共25分）

阅读以下说明，回答【问题1】至【问题6】。

【说明】某银行上海中心机房是某行信息化运行的核心。机房服务承载了该行的大量业务系统，这些系统在运行过程中产生了大量的数据，而这些数据是银行业务的核心和最重要的资产之一。为保证该银行的操作系统、集群软件及应用、数据库等正常运行，需要提供额外的大数据量存储，而原有的存储容量、负载都无法满足信息迅猛增长及对存储系统高性能、高可用性的要求。

为此，银行向某集成商购买了一套SAN存储系统。当存储设备到货时，集成商技术员小李拟按图1-1所示方式构建RAID级别。而存储厂商工程师朱工认为需要按图1-2方式构建RAID级别。其中，Di 表示数据段。

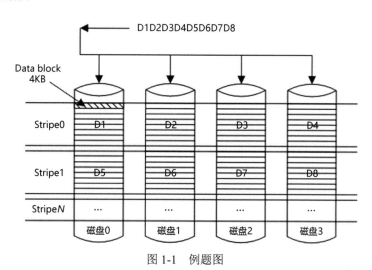

图1-1 例题图

【问题1】（5分）
图1-1所示的RAID方式是__（1）__，请简述该方式的优缺点。

【问题2】（5分）
图1-2所示的RAID方式是__（2）__，请简述该方式的优缺点。

【问题3】（4分）
结合项目实际，请指出小李和朱工的构建RAID方式，哪一种最合适，并说明理由。

【问题 4】（5 分）

存储厂商刘工指出，朱工构建的 RAID 方式存在安全隐患，还需要为每个 RAID 组分配一块 HotSpare 盘。这种配置 HotSpare 盘的方式属于全局方式还是局部方式？请简述 HotSpare 盘的功能。

【问题 5】（4 分）

图 1-1 所示 RAID 的条带深度是 ___(3)___ KB，条带宽度是 ___(4)___ 。

【问题 6】（2 分）

RAID5 中最低需要 ___(5)___ 块盘才能实现写并发。

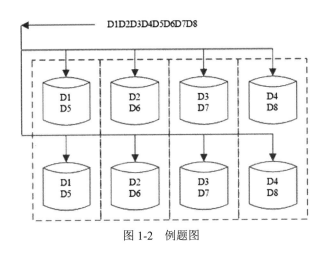

图 1-2 例题图

试题二（共 25 分）

阅读以下说明，回答【问题 1】至【问题 3】。

【说明】图 2-1 所示为某数据中心分布式存储系统网络架构拓扑图，每个分布式节点均配置 1 块双端口 10GE 光口网卡和 1 块 1GE 电口网卡，SW3 是存储系统管理网络的接入交换机，交换机 SW1 和 SW2 连接各分布式节点和 SW3 交换机，用户通过交换机 SW4 接入分布式存储系统。

【问题 1】（10 分）

图 2-1 中，通过 ___(1)___ 技术将交换机 SW1 和 SW2 连接起来，从逻辑上组合成一台交换机，提高网络稳定性和交换机背板带宽；分布式节点上的 2 个 10GE 光口采用 ___(2)___ 技术，可以实行存储节点和交换机之间的链路冗余和流量负载（均衡）；交换机 SW1 与分布式节点连接介质应采用 ___(3)___，SW3 应选用端口速率至少为 ___(4)___ b/s 的交换机，SW4 应选用端口速率至少为 ___(5)___ b/s 的交换机。

【问题 2】（9 分）

1. 分布式存储系统采用什么技术实现数据冗余？
2. 分布式系统既要求性能高，又要在考虑成本的情况下采用廉价大容量磁盘，请说明如何配置磁盘较为合理。并说明配置的每种类型磁盘的用途。
3. 常见的分布式存储架构有无中心节点架构和有中心节点架构，HDFS（Hadoop Distribution

File System）分布式文件系统属于__(6)__架构，该文件系统由一个__(7)__节点和若干个 DataNode 组成。

【问题 3】（6 分）

随着数据中心规模的不断扩大和能耗不断提升，建设绿色数据中心是构建新一代信息基础设施的重要任务，请简要说明在数据中心设计时采取哪些措施可以降低数据中心用电能耗。（至少回答 3 点措施）

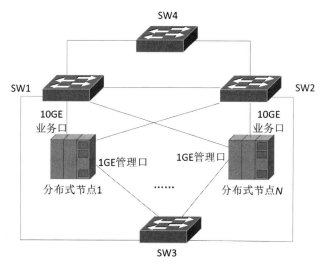

图 2-1 某数据中心分布式存储系统网络架构拓扑图

试题三（共 25 分）

阅读以下说明，回答【问题 1】至【问题 4】。

【说明】

案例一 安全测评工程师小张对某单位的信息系统进行安全渗透测试时，首先获取 A 系统部署的 WebServer 版本信息，然后利用 A 系统的软件中间件漏洞，发现可以远程在 A 系统服务器上执行命令。小张控制 A 服务器后，尝试并成功修改网页。通过向服务器区域横向扫描，发现 B 和 C 服务器的 root 密码均为 123456，于是利用该密码成功登录到服务器并获取 root 权限。

案例二 网络管理员小王在巡查时，发现网站访问日志中有多条非正常记录。

其中，日志 1 访问记录为：

www.xx.com/param=1'and updatexml(1, concat(0x7e, (SELECT MD5(1234),0x7e), 1))

日志 2 访问记录为：

www.xx.com/js/url. substring(0, indexN2)}/ alert(url);url+=

小王立即采取措施，加强 Web 网页的安全防范。

案例三 某信息系统在 2018 年上线时，在公安机关备案为等级保护第三级，单位主管认为系统已经定级，此后无须再做等保安全评测。

【问题 1】（6 分）

信息安全管理机构是行使单位信息安全管理职能的重要机构，各个单位应设立 __(1)__ 领导小组，作为本单位信息安全工作的最高领导决策机构。设立信息安全管理岗位并明确职责，至少应包含安全主管和"三员"岗位，其中"三员"岗位中：__(2)__ 岗位职责包括信息系统安全监督和网络安全管理，沟通、协调和组织处理信息安全事件等；系统管理员岗位职责包括网络安全设备和服务器的配置、部署、运行维护和日常管理等工作；__(3)__ 岗位职责包括对安全、网络、系统、应用、数据库等管理人员的操作行为进行审计，监督信息安全制度的执行情况。

【问题 2】（9 分）

1．请分析**案例一**信息系统存在的安全隐患和问题。（至少回答 5 点）

2．针对**案例一**存在的安全隐患和问题，提出相应的整改措施。（至少回答 4 点）

【问题 3】（6 分）

1．**案例二**中，日志 1 所示访问记录是 __(4)__ 攻击，日志 2 所示访问记录是 __(5)__ 攻击。

2．**案例二**中，小王应采取哪些措施加强 Web 网页安全防范？

【问题 4】（4 分）

案例三中，单位主管的做法明显不符合网络安全等级保护制度要求，请问，该信息系统应该至少 __(6)__ 年进行 1 次等保安全评测，该信息系统的网络日志至少应保存 __(7)__ 个月。

网络规划设计师机考试卷 第 2 套
论文

论数据中心信息网络系统安全风险评测和防范技术

随着互联网应用规模的不断扩大和网络技术的纵深发展，人类社会的各种活动和信息系统关系更加紧密。与此同时，信息安全问题也日益突出，层出不穷的网络安全攻击手段和各类 0day 漏洞，给数据中心的信息系统和数据安全带来了极大的威胁。为此，国家出台了《中华人民共和国网络安全法》《信息安全等级保护管理办法》等法律法规，强化网络安全顶层设计和管理要求。

请围绕"论数据中心信息网络系统安全风险评测和防范技术"论题，依次对以下 3 个方面进行论述。

1. 简要论述当前常见的网络安全攻击手段、风险评测方法和标准。
2. 详细叙述你参与的数据中心信息网络安全评测方案，包括网络风险分析、安全防护系统部署情况、安全风险测评内容以及问题整改等内容。
3. 总结分析你所参与项目的实施效果、存在的问题及相关改进措施。

网络规划设计师机考试卷 第2套
综合知识卷参考答案与试题解析

（1）**参考答案**：C

试题解析 在HFC网络中，用户使用Cable Modem设备接入Internet。

（2）**参考答案**：A

试题解析 1）选择重发ARQ，帧编号字段为k位，窗口大小$W \leq 2^{k-1}$。

2）后退N帧ARQ协议，帧编号字段为k位，窗口大小$W \leq 2^k - 1$。

（3）**参考答案**：A

试题解析 参数-a，测试目标连通性并进行反向名字解析，如果命令执行成功，则显示对应的主机名。

（4）**参考答案**：C

试题解析 在网络冗余设计中，对于通信线路常见的设计目标主要有两个：一个是备用路径，另外一个是负载分担。备用路径主要是为了提高网络的可用性；负载分担是通过冗余的形式来提高网络的性能，是对备用路径方式的扩充。

（5）**参考答案**：C

试题解析 服务器需要稳定提供服务，需要分配固定地址。

（6）（7）**参考答案**：B C

试题解析 根据动态测试在软件开发过程中所处的阶段和作用，动态测试可分为单元测试、集成测试、系统测试、验收测试和回归测试。

1）单元测试。单元测试是对软件中的基本组成单位进行的测试，如一个模块和一个过程等，它是最微小规模的测试。单元测试的目的是检查每个模块是否真正实现了软件详细设计说明书中的性能、功能、接口和其他设计约束等条件，尽可能地发现模块内的差错。

2）集成测试。集成测试是指一个应用系统的各个模块的联合测试，集成测试的目的是检查模块之间，以及模块和已集成的软件之间的接口关系，确定其能否在一起共同工作而没有冲突；验证已集成的软件是否符合软件概要设计文档的要求。

3）系统测试。系统测试的对象不仅包括需要测试的产品系统的软件，还包括软件所依赖的硬件、外设甚至某些数据、某些支持软件及其接口等。因此，必须将系统中的软件与各种依赖的资源结合起来，在系统实际运行环境下进行测试。系统测试的目的是验证其测试的对象是否能满足系统与子系统设计文档和软件开发合同规定的要求。该测试的技术依据是用户需求或者开发合同。

4）验收测试。验收测试的目的就是确保软件准备就绪，并且可以让最终用户能执行该软件，实现既定功能和任务。该测试以用户为主进行，测试的依据是软件需求规格说明。

5）回归测试。回归测试是指在发生修改之后、重新测试之前的测试，以保证修改后软件的正确性，保证软件的性能及不损害性。

（8）**参考答案**：D

试题解析 指派问题是那些派完成任务效率最高的人去完成任务的问题。该问题可以抽象为，设有 n 个工作，由 n 个人来承担，每个工作只能一人承担，且每个人只能承担一个工作，求总费用最低的指派方案。

题目给出的表可转换为费用矩阵，表示某人完成某工作的费用，该矩阵如下：

$$\begin{bmatrix} 14 & 9 & 7 & 15 \\ 11 & 7 & 7 & 10 \\ 13 & 2 & 10 & 5 \\ 17 & 9 & 15 & 13 \end{bmatrix}$$

解决该题可以用匈牙利法。该方法依据的定理为：在费用矩阵任一行（列）减去一个常数或加上一个常数不改变本问题的最优解。

第一步：使得费用矩阵各行各列都出现 0 元素。

该步骤的方法：每列元素减去该行的最小元素，然后每列减去该列的最小元素。

$$\begin{bmatrix} 14 & 9 & 7 & 15 \\ 11 & 7 & 7 & 10 \\ 13 & 2 & 10 & 5 \\ 17 & 9 & 15 & 13 \end{bmatrix} \xrightarrow{\text{第1列都减11}} \begin{bmatrix} 3 & 9 & 4 & 15 \\ 0 & 7 & 7 & 20 \\ 2 & 2 & 10 & 5 \\ 6 & 9 & 15 & 13 \end{bmatrix} \xrightarrow[\text{第3列都减4}]{\substack{\text{第2列都减2} \\ \text{第4列都减5}}} \begin{bmatrix} 3 & 7 & 0 & 10 \\ 0 & 5 & 3 & 5 \\ 2 & 0 & 6 & 0 \\ 6 & 7 & 11 & 8 \end{bmatrix} \xrightarrow{\text{第4行都减6}} \begin{bmatrix} 3 & 7 & 0 & 10 \\ 0 & 5 & 3 & 5 \\ 2 & 0 & 6 & 0 \\ 0 & 1 & 5 & 2 \end{bmatrix}$$

累计所减总数为 11+2+4+5+6=28。

第二步：进行试指派（画○）。

方法：从含 0 元素最少的行或列开始，圈出一个 0 元素，用○表示，然后划去该○所在的行和列中的其余 0 元素，用×表示，依此类推。

$$\begin{bmatrix} 3 & 7 & 0 & 10 \\ 0 & 5 & 3 & 5 \\ 2 & 0 & 6 & 0 \\ 0 & 1 & 5 & 2 \end{bmatrix} \xrightarrow{\text{第 1 行第 3 列元素为 0，则画圈}} \begin{bmatrix} 3 & 7 & ⓪ & 10 \\ 0 & 5 & 3 & 5 \\ 2 & 0 & 6 & 0 \\ 0 & 1 & 5 & 2 \end{bmatrix}$$

第 2 行第 1 列元素为 0，则画圈

→

划去该○所在的行和列中的其余 0 元素，用×表示

$$\begin{bmatrix} 3 & 7 & ⓪ & 10 \\ ⓪ & 5 & 3 & 5 \\ 2 & 0 & 6 & 0 \\ × & 1 & 5 & 2 \end{bmatrix}$$

第 3 行第 2 列元素为 0，则画圈

→

划去该○所在的行和列中的其余 0 元素，用×表示

$$\begin{bmatrix} 3 & 7 & ⓪ & 10 \\ ⓪ & 5 & 3 & 5 \\ 2 & ⓪ & 6 & 0 \\ × & 1 & 5 & 2 \end{bmatrix}$$

由于不存在全 0 的指派，可以知道矩阵（1，3）、（2，1）、（3，4）、（4，2）元素和为 1，可以达到最小值。因此，甲、乙、丙、丁分别加工工件 C、A、D、B 可以达到最优，花费总工时最小

为28+1=29。

(9) **参考答案**：C

试题解析 首先题目图的拥堵率转换为通畅率，转换后的图如下图所示。

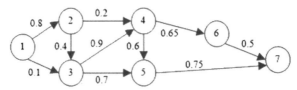

路线的通畅率=该路线的所有路段的畅通率的乘积。则：
路线①-②的通畅率=0.8，对应路段组成为①②。
路线①-③的通畅率= max(①③，①②③)= max(0.1, 0.8×0.4) =0.32，则对应路段组成为①②③。
路线①-④的通畅率= max(①②④，①②③④)= max (0.8×0.2, 0.32×0.9) =0.288，对应路段组成为①②③④。
路线①-⑤的通畅率= max(0.32×0.7, 0.288×0.6)=0.224，对应路段组成为①②③⑤。
路线①-⑥的通畅率= 0.224×0.65=0.1456，对应路段组成为①②③⑥。
路线①-⑦的通畅率= max(0.1456×0.5, 0.224×0.75)=0.168，对应路段组成为线①②③⑤⑦。
所以，小王选择拥堵情况最少（畅通情况最好）的路线是①②③⑤⑦。

(10) **参考答案**：A

试题解析 王某是公司的职员，开发的某一综合信息管理系统软件属于本职工作。该软件应为职务作品。王某只享有署名权，公司享有除署名权外的软件著作权的其他权利。因此，王某辞职离开公司，并带走了该综合信息管理系统的源程序，拒不交还公司的行为，侵犯了公司的软件著作权。

(11) **参考答案**：C

试题解析 后退 N 帧 ARQ 协议对传统的自动重传请求进行了改进，从而实现了在接收到 ACK 之前能够连续发送多个数据包。后退 N 帧 ARQ 对发送窗口的大小是有限制的，如果帧编号字段为 n 位，则发送窗口大小 W_t 应该满足：$W_t \leq 2^n - 1$。

(12) **参考答案**：D

试题解析 显示"Destination net unreachable"错误，其原因有：
1）ping 的 IP 地址错误。
2）ping 的 IP 地址在局域网中不存在。
3）ping 的 IP 地址所在的设备拒绝了被 ping 响应。
4）路由器没有到达目标网段的路由（主机地址不可达，就会被路由器丢弃）。
上述原因，结合题目，网络设备配置了 ACL 拒绝了被 ping 响应的情况最有可能。

(13) **参考答案**：B

试题解析 一般来说，备用路径不分担流量。

(14) **参考答案**：C

试题解析 PTR 用于将一个 IP 地址映射为一个主机名。

(15) **参考答案**：B

试题解析 服务器需要稳定提供服务，因此可以采用保留地址，通过地址映射提供外网服务。

（16）（17）**参考答案**：C　D

试题解析　信息帧（I 帧）：用于传送有效信息或数据，通常简称 I 帧。

监控帧（S 帧）：用于差错控制和流量控制，通常简称 S 帧。S 帧不带信息字段。

无编号帧（U 帧）：因其控制字段中不包含编号 N（S）和 N（R）而得名，简称 U 帧。U 帧用于提供对链路的建立、拆除以及多种控制功能，但是当要求提供不可靠的无连接服务时，它有时也可以承载数据。SNRM/SABM/SARM 是属于 HDLC 帧中的无编号帧。

对于 A 站发送的 I，0，0（表示窗口号是 I，发送序号是 0，希望收到的编号是 0），但之后发送序号为 1 的帧并没有到达 B 站；在 A 又发送了发送序号为 2 的帧之后，收到 B 的监督帧（REJ，1），表示否认发送序号为 1 的帧（否定应答采用后退 N 帧的方法），1 之前的帧已经收到，希望能够重发 1 和 1 之后的所有帧。

（18）**参考答案**：C

试题解析　根域名服务器常处于高负荷工作状态，需要采用迭代算法减轻负担；域内主域名服务器往往采用递归算法。

（19）（20）**参考答案**：B　A

试题解析　这是考查基本命令，具体命令效果如下图所示。

（21）**参考答案**：B

试题解析　Diffie-Hellman 密钥交换体制目的是完成通信双方的对称密钥交互。Diffie-Hellman 的神奇之处是在不安全环境下（有人侦听）也不会造成密钥泄露。

（22）**参考答案**：A

试题解析 SDH 的帧结构由以下 3 个部分组成：①段开销，包括再生段开销和复用段开销，段开销的作用是保证信息净负荷正常灵活地传送；②管理单元指针，指向信息净负荷的第一个字节在帧内的准确位置；③信息净负荷，存放要传送的各种信息。

（23）**参考答案**：D

试题解析 HTTP 1.1 支持持久连接，即一个 TCP 连接上可以传送多个 HTTP 请求和响应，减少建立和关闭连接的消耗和延迟。本题中，传输网页的过程如下图所示。

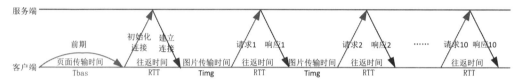

传输网页总时间=基本页面传输时间+往返时间+10×（图片传输时间+往返时间）=1×Tbas+10×Timg+11×RTT。

（24）**参考答案**：D

试题解析 每个站点在接下来信道空闲的时候立即传输的概率=0.5×0.5×0.5=0.125。

（25）（26）**参考答案**：C　D

试题解析 在 BGP 中，两个路由器之间的相邻连接称为对等体（Peer）连接，两个路由器互为对等体。如果路由器对等体在同一个 AS 中，就称为 IBGP（Internal Border Gateway Protocol）对等体，否则称为 EBGP（External Border Gateway Protocol）对等体。所以路由器 3c 基于 EBGP 协议学习到网络 X 的可达性信息。

首先，IBGP 中为了防止 AS 内部产生环路，BGP 设备不会从 IBGP 对等体学到的路由通告给其他 IBGP 对等体，所以在 1c 和 1d 建立 BGP 对等的情况下，会从 1c 学习到 X 的可达性信息。其次在 1c 和 1d 没有建立 BGP 对等体的情况下，1c 和 1a 建立对等体，1a 和 1d 建立对等体，通过 1a 作为路由反射器并配置路由反射器功能，那么 1d 可以通过 1a 学习到 X 的可达性信息。此题题干缺少条件，但是基于一般性考虑，在 AS 内部的路由器都两两建立 IBGP 对等时，我们默认此时 1d 是从 1c 学习到 X 的可达性信息。

（27）（28）**参考答案**：A　C

试题解析 Traceroute 命令利用 ICMP 协议定位客户端和目标端之间路径上的所有路由器。客户端直接发送一个 ICMP 回显请求（Echo Request）数据包，并且第一个 request 的 TTL 为 1，第二个 request 的 TTL 为 2，以后依此递增直至第 30 个；中间的 router 送回 ICMP TTL-expired 报文。

服务器在收到回显请求的时候会向客户端发送 ICMP 回显应答（Echo Reply）数据包。

（29）**参考答案**：A

试题解析 快速 UDP 网络连接（Quick UDP Internet Connections，QUIC）协议是由 Google 公司提出的实验性网络传输协议，设计该协议的目的是改进并最终替代 TCP 协议。QUIC 协议的优势有：精细流量控制、改进了拥塞控制算法、避免队头阻塞的多路复用、连接迁移以及前向冗余纠错等。

（30）**参考答案**：B

试题解析 链路状态路由算法分发链路状态包时，会将信息发送给所有其他路由器，并且每台路由器将 LSP（Link State Packet）发送到所有直接相连的链路，所以消息复杂度为 $O(NM)$。链路状态路由协议基于最短路径优先算法，所以算法复杂度为 $O(N^2)$，N 为节点数。

（31）**参考答案**：D

试题解析 通常，距离矢量路由协议被称为 Bellman-Ford 或者 Ford-Fulkerson 算法。

（32）**参考答案**：B

试题解析 IPv4 报文传输中，源端主机和中间路由器都可能进行报文分片。报文在不同网络传输中，若中间某网络 MTU 比源端网络的小，则路由器会对 IP 报文再次分片。而 IPv4 报文重组只能发生在目的端。

（33）**参考答案**：B

试题解析 A 选项中 CRC 报错是物理层链路的问题，往往是因为线路过长、光或电的衰减过大、网线头没有接好等问题造成，但是链路并不是 down 的状态。B 选项中出现 CRC，必然是有丢包，经过这条链路的业务丢包，就会出现卡顿。C 选项中 VRRP 的链路切换一般是在链路 down 掉之后，或者设备故障才会切换，还有就是配合 BFD 的切换。D 选项中链路的负载是否到达上限取决于业务流量的大小，题干并没有说明。

（34）（35）**参考答案**：A B

试题解析 CRC 校验码的生成过程为先将数据 10100010000 后添加 0000，然后除以生成多项式 10111，具体的除法过程如下：

```
10111 / 101000100000000
        10111
        ─────
         110100000000
         10111
         ─────
          11010000000
          10111
          ─────
           1101000000
           10111
           ─────
            110100000
            10111
            ─────
             11010000
             10111
             ─────
              1101000
              10111
              ─────
               110100
               10111
               ─────
                11010
                10111
                ─────
                 1101
```

由此可以得到对数据 10100010000 计算的校验码为 1101，CRC 的检验码位为 4 位。而 N 位

CRC 校验码能够检测出的突发长度不超过 N 位，所以本题的 CRC 校验码能够检测出的突发长度不超过 4 位。

（36）**参考答案**：C

试题解析 综合布线系统由干线（垂直）子系统、水平子系统、工作区子系统、设备间子系统、管理子系统和建筑群子系统 6 个部分组成。垂直干线子系统布线的建筑方式为预埋管路、电缆竖井和上升房（又称交接间或干线间），是楼宇布线的组成部分。

（37）**参考答案**：C

试题解析 DHCP 的工作过程如下图所示。

（38）**参考答案**：A

试题解析 802.1Q 中定义的 Tag 域只有 12 个比特用于表示 VLAN ID，所以设备最多可以支持 4094 个 VLAN。QinQ 技术标准出自 IEEE 802.1ad，它是在传统 IEEE 802.1Q VLAN 标签头的基础上，增加一层新的 IEEE 802.1Q VLAN 标签头，因此使得 VLAN 的数目最多可达 4094×4094 个。由于在骨干网中传递的报文有两层 802.1Q Tag，称为 QinQ 协议。

（39）**参考答案**：C

试题解析 支持 IPv6 的路由协议有 OSPFv3、RIPng、BGP4+等。

（40）**参考答案**：D

试题解析 ABR（Area Border Router）被认为同时是 OSPF 骨干区域（area 0）和相连区域的成员，所以 ABR 维护着多个区域的链路状态数据库（Link State DateBase，LSDB）。区域 0 中的 ABR 连接有 NSSA（Not so Stub Area），则在 NSSR 中泛洪的 7 类 LSA（Link State Advertisement）泛至 ABR 中后，ABR 会将该 7 类 LSA 转换成 5 类 LSA 泛洪到 Area 0 中的其他路由器，因此此时 ABR 中的 LSDB 与区域 0 中的其他跟帖器上的 LSDB 并不完全相同。

（41）**参考答案**：B

试题解析 策略路由是一种比基于目标网络进行路由更加灵活的数据包路由转发机制。一条策略路由包括匹配条件和动作两个部分。其中，匹配条件可以是源安全区域、出接口、入接口、源 IP 地址/MAC 地址、目的 IP 地址/MAC 地址、用户、服务类型、应用类型、DSCP 优先级、报文长度等。

（42）**参考答案**：A

试题解析 SDN（Software Defined Network）即软件定义网络。开放网络基金会（Open Networking Foundation，ONF）把 SDN 网络架构分为 4 个平面，即数据平面（转发层）、控制平面（控制层）、应用平面（应用层）以及管理平面。

(43)(44) 参考答案：B A

💡试题解析　窃取是一种针对数据或系统保密性的攻击。DDoS 攻击可以破坏数据或系统的可用性。

(45) 参考答案：B

💡试题解析　IPSec（Internet Protocol Security）是一个协议包，通过对 IP 协议的分组进行加密和认证来保护 IP 协议的网络传输协议族。IPSec 工作在 OSI 模型的第三层（网络层），主要由 4 部分组成，分别是：①认证头（Authentication Header，AH），主要用来保证传输分组的完整性和可靠性；②封装安全载荷（Encapsulating Security Payload，ESP），主要用来为分组提供源可靠性、完整性和保密性的支持；③安全关联（Security Associations，SA），一组用来保护信息的策略和密钥；④密钥交换协议（Internet Key Exchange，IKE），用于密钥的交换和管理，解决了在不安全的网络环境（如 Internet）中安全地建立或更新共享密钥的问题。

(46) 参考答案：A

💡试题解析　无线局域网鉴别和保密基础架构（Wireless LAN Authentication and Privacy Infrastructure，WAPI）是一种安全协议，同时也是中国无线局域网安全强制性标准。WAPI 是一种认证和私密性保护协议，其作用类似于 WEP，但是能提供更加完善的安全保护。

(47)(48) 参考答案：A D

💡试题解析　通过验证证书中的数字签名可以判断数字证书的有效性和完整性，从而判断所访问网站的真实性。

(49) 参考答案：C

💡试题解析　差异备份每次备份的数据是相对于上一次完全备份之后新增加的和修改过的数据；增量备份的是自上一次备份（包含完全备份、差异备份、增量备份）之后所有变化的数据（含删除文件信息）。可见，差异备份以完全备份为基准，增量备份以最近一次备份为基准。增量备份方式的恢复需要上次的完整备份集加上所有增量备份集，备份过程速度快，占用空间较少，但当恢复文件的时候，它的时间效率低（需从多个增量集中取数据）。因此仅从恢复时间效率上来考虑，应该采取差异备份（恢复仅需最近一次完全备份加上最近一次差异备份）。

(50) 参考答案：B

💡试题解析　安全超文本传输协议（HTTPS）语法与 HTTP 类似，使用"HTTPS:// + URL"形式。

(51) 参考答案：B

💡试题解析　链路加密是传输数据仅在物理层之上的数据链路层进行加密，经过一台节点机的所有网络信息传输均需加、解密。这种方式中，节点中都有密码装置，用于解密、加密报文。

(52)(53) 参考答案：B A

💡试题解析　display ospf cumulative：显示 OSPF 的统计信息。
display ospf spf-statistics：查看 OSPF 进程下路由计算的统计信息。
display ospf request-queue：显示 OSPF 请求列表信息，有利于故障诊断。
display ospf peer：查看 OSPF 邻居状态信息。
display ospf routing：显示 OSPF 路由表的信息。

display ospf abr-asbr：显示 OSPF 的区域边界路由器和自治系统边界路由器信息。
display ospf interface：显示 OSPF 的接口信息。

（54）**参考答案**：B

试题解析 IPv6 中双冒号只能用一次。

（55）**参考答案**：A

试题解析 逐跳选项头是 IPv6 的扩展报头，值为 0（在 IPv6 基本头中定义）。此选项头被转发路径所有节点处理。目前在路由告警（RSVP 和 MLDv1）与 Jumbo 帧（巨型帧）处理中使用了逐跳选项头。路由告警需要通知到转发路径中所有节点，需要使用逐跳选项头。Jumbo 帧是长度超过 65535 的报文，传输这种报文需要转发路径中所有节点都能正常处理，因此也需要使用逐跳选项头功能。

（56）**参考答案**：A

试题解析 千兆以太无源光网络（Gigabit-Capable Passive Optical Network，GPON），可以实现上下行 1.25Gb/s 的速率。GPON 上行通过 TDMA（时分复用）方式传输数据，下行通过广播方式传输。

（57）**参考答案**：B

试题解析 在 PON 中，上行传输波长为 1310nm，下行传输波长为 1490nm。

（58）**参考答案**：C

试题解析 光网络单元（Optical Network Unit，ONU）一般部署在用户家中，常见的有单家庭用户单元（Single Family Unit，SFU）和家庭网关单元（Home Gateway Unit，HGU）两种。HGW 称为家庭网关，可以看成家用路由器，SFU 可以理解为光猫。ONU 一端通过光纤连接到分光器（Splitter），一端通过有线或者无线连接到家中的终端设备。分光器也称光分支器，一般连在靠近用户端的光网络单元（ONU），与 ONU 共同部署于机房。光线路终端（Optical Line Terminal，OLT）离用户最远，是 PON 的核心设备，置于运营商的中心机房，用于汇总用户数据并上传至城域网。

（59）**参考答案**：D

试题解析 光功率计是指用于测量绝对光功率或通过一段光纤的光功率相对损耗的仪器。光时域反射仪（OTDR）可以通过光纤一端测得光纤损耗。

（60）（61）**参考答案**：B B

试题解析 RAID5 磁盘利用率=$(n-1)/n$，其中 n 为 RAID 中的磁盘总数，所以 8 块 300G 的硬盘做 RAID5 后的容量是 $(8-1)\times300=2.1T$，可以损坏 1 块硬盘而不丢失数据。

（62）**参考答案**：D

试题解析 WLAN 传输介质就是射频信号（具体为 2.4GHz 或 5GHz 的无线电磁波）。为了避免无线信号的干扰和衰减，应该进行射频管理。射频管理能自动检测无线网络环境、动态调整信道与发射功率，调整无线覆盖范围，调整用户接入数量，降低各类信号干扰。射频资源管理可以配置的任务有干扰检测、射频调优、负载均衡、频谱导航、配置 AP 的高密功能、智能漫游、逐包功率调整等。

（63）**参考答案**：B

试题解析 天线最基本的属性包括输入阻抗、方向性、增益、极化、效率等。

（64）（65）**参考答案**：B C

试题解析 display ip routing-table 命令用来显示公网 IPv4 路由表的信息。Flags 是路由标记，其中的 R 表示该路由是迭代路由，D 表示该路由下发到 RB（Routing Information Base）表。

Proto 显示学习此路由的路由协议，Direct 表示直连路由，Static 表示静态路由。

（66）**参考答案**：A

试题解析 loopback-detect enable 命令用来开启端口环回检测功能。

（67）**参考答案**：B

试题解析 由掩码 255.255.255.248 可知，网络位占 29 位，主机位占 3 位，因此本机 IP 地址 10.0.10.10 所属网段是 10.0.10.8/29，而默认网关 IP 地址 10.0.10.7 所属网段为 10.0.10.0/29。可见它们不属于同一子网，所以主机 ping 不通网关地址。

（68）（69）**参考答案**：C C

试题解析 光衰理想值在 –20～–25dBm，而光纤 1 两端测得光衰为 –28dBm，说明链路有问题。应该检查光纤 1 链路，排除故障，降低光衰。

（70）**参考答案**：A

试题解析 风险分析过程是对已经识别的风险事件进行定量和定性分析，无法避免、也不能减轻风险。

（71）（72）（73）（74）（75）**参考答案**：A B C A B

试题翻译 数据安全性是指在数字信息的整个生命周期中保护数字信息不被<u>未经授权地</u>访问、损坏或盗窃。这一概念涵盖了信息安全的各个方面，从硬件和存储设备的<u>物理</u>安全到管理和访问控制，以及软件应用程序的逻辑安全。它还包括组织<u>策略</u>和过程。数据安全涉及可增强组织对其关键数据所在位置和使用方式可见性的部署工具和技术，这些工具和技术应该<u>解决</u>那些日益增长的挑战，这些挑战是保护当今复杂的分布式、混合和/或多云计算环境所固有的。理想情况下，这些工具应该能够为<u>加密</u>、数据屏蔽和敏感文件编校等提供保护，并应自动向组织审计提交报告，遵守监管要求。

（71）A．未经授权的　　B．授权的　　C．正常的　　D．频繁的
（72）A．逻辑　　　　　B．物理　　　C．网络　　　D．信息
（73）A．行为方式　　　B．文化　　　C．策略　　　D．结构
（74）A．解决　　　　　B．定义　　　C．忽视　　　D．提出
（75）A．压缩　　　　　B．加密　　　C．解密　　　D．翻译

网络规划设计师机考试卷 第2套
案例分析卷参考答案与试题解析

试题一

【问题 1】参考答案

（1）RAID0

RAID0 的优点是读写性能将是单个磁盘读写性能的 N 倍，且磁盘空间的存储效率最大（100%）；缺点是不提供数据冗余保护，一旦数据损坏，将无法恢复。

【问题 2】参考答案

（2）RAID10

RAID10 的优点是既利用了 RAID0 极高的读写效率，又利用了 RAID1 的高可靠性；缺点是比较浪费磁盘空间。

【问题 3】参考答案

朱工的方案最合适；银行数据非常重要，需要更可靠的 RAID10 来保障。

试题解析（【问题 1】~【问题 3】）

RAID0 也称为条带化（stripe），将数据按照一定的大小顺序写到阵列的磁盘里，RAID0 可以并行地执行读写操作，可以充分利用总线的带宽，从理论上讲，一个由 N 个磁盘组成的 RAID0 系统，它的读写性能将是单个磁盘读写性能的 N 倍，且磁盘空间的存储效率最大（100%）。RAID0 有一个明显的缺点是不提供数据冗余保护，一旦数据损坏，将无法恢复。

RAID10 是 RAID1 和 RAID0 的结合，也称为 RAID（0+1），先做镜像然后做条带化，既提高了系统的读写性能，又提供了数据冗余保护，RAID10 的磁盘空间利用率和 RAID1 是一样的，为 50%。RAID10 适用于既有大量的数据需要存储，又对数据安全性有严格要求的领域，比如金融、证券等。

【问题 4】参考答案

局部热备盘

HotSpare 盘（热备盘）是在建立 RAID 的时候，制定一块空闲、加电并待机的磁盘为热备盘。热备盘平常不操作，当某一个正在使用的磁盘发生故障后，该磁盘将马上代替故障盘，并自动将故障盘的数据重构在热备盘上。

试题解析 热备盘分为全局热备盘和局部热备盘。

全局热备盘：针对整个阵列，对阵列所有 RAID 组起作用。

局部热备盘：只针对特定的一个 RAID 组起作用。

【问题 5】参考答案

（3）32KB （4）4

试题解析 条带深度就是一个 segment 所包含的数据块或者扇区的个数或者字节容量。
条带宽度是指可以同时读、写条带数量，等于 RAID 中的物理硬盘数量。

【问题 6】参考答案
（5）4
试题解析 RAID5 中最低需要 4 块盘才能实现写并发。其中，两块盘写数据，另外两块盘写校验数据。

试题二

【问题 1】参考答案
（1）堆叠　　（2）链路聚合　　（3）多模光纤　　（4）1G　　（5）10G

试题解析 从题干中可以看出，交换机 SW1 和 SW2 作为分布式存储节点的主要连接设备，要将这两台设备从逻辑上组合成一台交换机，并且要利用交换机的背板带宽，所能采用的方式只有堆叠。尽管两台交换机也可以通过级联的形式连接起来，但是在这种连接方式下，两台设备并不能提高稳定性和充分利用交换机背板带宽。

分布式节点上的 2 个 10GE 光口分别连接到交换机 SW1 和 SW2，而这两台交换机通过堆叠变成了一台逻辑交换机，因此这两个端口要实现交换机之间的链路冗余和流量负载（均衡），最适合的方式就只能使用链路聚合。

因为 SW3 是分布式存储节点的管理接口，而存储设备的管理接口是千兆，因此这个交换机应该选用端口速率至少为 1Gb/s。

因为 SW4 是用户接入交换机，一端连接用户，另外一端连接 SW1 和 SW2，而这两个交换机使用的是万兆链路，为了让交换机下面的用户能够以较快的速度接入到分布式存储节点，最好是让该交换机端口速率达到 10Gb/s。

【问题 2】参考答案
1．多副本策略、纠删码
2．配置 SSD+HDD 混合式存储。SSD 用于存取访问频繁的文件，HDD 存储访问不太频繁且容量较大的文件。
3．（6）有中心节点　　（7）NameNode

试题解析 分布式存储系统常用的两种数据冗余保护策略分别是多副本和纠删码技术。多副本是指将数据复制多份，每份分别异地存放；纠删码是指通过纠删码算法将原始数据进行冗余编码，并将冗余编码分别异地存储。相比于多副本策略，纠删码具有更高的磁盘利用率。

存储系统中为了满足存储的速度和存储容量的高性价比，通常采用的方式是配置小容量、价格高的高速存储和大容量、价格低的持久化存储设备。

HDFS 分布式文件系统属于一种有中心节点的架构，也就是常用的 Master/Slave 架构。以 Glusterfs 为代表的分布式系统是无中心架构。HDFS 文件系统由一个 NameNode 节点和若干个 DataNode 组成。

【问题 3】参考答案
可采取以下措施来降低数据中心用电能耗：①优化冷却系统（水冷代替风冷）；②利用外部冷

源；③采用虚拟化等技术减少物理主机。

试题解析 充分利用外部冷源：充分利用自然冷源，风、水、空气等自然冷源对于数据中心来说，这些既环保又省钱。优化冷却系统：利用冷却效率更好的水冷代替风冷，可以进一步降低 PUE。采用虚拟化技术：灵活调整系统所需计算资源，降低物理主机能源消耗，提高 PUE。采用新型低能耗硬件产品，降低硬件能耗。强化机房用电管理和用电制度，合理利用能源。

试题三

【问题 1】参考答案

（1）信息安全　　（2）安全保密员　　（3）安全审计员

试题解析 根据国家对信息安全的有关规定，要求各单位必须成立信息安全管理机构，成立**信息安全领导小组**，作为本单位信息安全工作的最高领导和决策机构。设立信息安全的相关管理岗位，主要包括**安全主管和安全保密员、系统管理员和安全审计员**等。其中，**安全保密员**岗位职责包括信息系统安全监督和网络安全管理，沟通、协调和组织处理信息安全事件。**系统管理员**岗位职责包括网络安全设备和服务器的配置、部署、运行维护和日常管理等工作。**安全审计员**岗位职责包括对安全、网络、系统、应用、数据库等管理人员的操作行为进行审计。

【问题 2】参考答案

1. 信息系统存在的安全隐患和问题如下：WebServer 的版本信息没有屏蔽；中间件系统没有定时升级；没有部署漏洞扫描设备；弱口令；没有禁止 root 用户远程登录；没有部署 WAF（Web Application Firewall）导致网页被随意修改。

2. 整改措施如下：屏蔽 WebServer 的版本信息；定时升级中间件系统；部署漏洞扫描、入侵检测、WAF 等安全设备；使用强口令，并要求定期更新口令；禁止 root 用户远程登录；配置堡垒机。

【问题 3】参考答案

1. （4）SQL 注入　　（5）跨站攻击

2. 加强 Web 安全防范的措施有：加强服务器配置与设置，部署 WAF 安全设备。

试题解析 从题干给出的日志所展示的信息来看，里面有 SQL 语句，"SELECT MD5(1234), 0x7e), 1)"等，而该语句是嵌入在 URL 中，所以这是一种 SQL 注入攻击。"substring(0, indexN2)}/alert(url); url+="这样的函数，是跨站攻击的典型特征。

而这两种攻击形式都属于典型的 Web 应用层攻击，通常采用的防范方法可以基于 Web 应用层进行，如采用 WAF 防火墙或者加强服务器的相关配置，进行严格的过滤，避免出现 SQL 注入或者跨站攻击。

【问题 4】（4分）

（6）1　　（7）6

试题解析 网络安全等级保护制度对信息系统的安全评测有严格的规定，对于不同等级的系统，有相应的测评时间间隔和要求。如等保三级的系统要求至少每年进行 1 次等保安全评测，信息系统的网络日志至少应该保存 6 个月以上。

网络规划设计师机考试卷 第 2 套
论文参考范文

摘要：

2022 年 1 月我参加了 A 企业数据中心信息网络安全测评和整改项目，我有幸在项目中担任项目经理，负责整个项目的规划和推进。项目依据国家发布的《网络安全标准实践指南—网络数据安全风险评估实施指引》标准进行评测和整改。测评目标包括系统的完整性、机密性和可用性等；测评范围包括系统的网络设备、应用软件、数据库等；测试的内容包括网络风险分析、安全防护系统部署情况、安全风险测评等。对于常见的网络攻击如 SQL 注入攻击、DDoS 攻击、中间人攻击、暴力破解、网络钓鱼等，我们采用了漏洞扫描、渗透测试、安全性配置审计、安全漏洞分析等方法检测风险，并对检测出的风险项进行了整改，经过全体成员的不懈努力，项目按期完成，达到了预期的目的，取得了预期效果，并得到了客户和我方领导的正面肯定。

正文：

2022 年 1 月 A 企业遭受了勒索病毒攻击，造成了业务服务器瘫痪、数据丢失、影响生产线生产，造成了重大损失。为了升级改造网络安全，该企业预算 300 万元对厂区数据中心进行网络安全测评和设备升级，工期 8 个月。该项目的目标为对企业数据中心网络安全进行测评，升级企业数据中心网络安全设备和软件，使企业网络数据中心具有很高的安全性。在此项目中我担任了项目经理一职，负责整个项目的规划和管理。

一、常见的网络安全攻击手段、风险评测方法和标准

常见的网络安全攻击手段包含 SQL 注入攻击、DDoS 攻击、中间人攻击、暴力破解以及网络钓鱼等。常见的风险评测方法包括漏洞扫描、渗透测试、安全性配置审计、安全漏洞分析等方法。项目中我们依据国家发布的《网络安全标准实践指南—网络数据安全风险评估实施指引》标准进行评测和整改。

二、网络风险分析和安全防护系统部署情况

A 企业在边界防护上只有一台 H3C F1020 防火墙。随着近几年业务量的激增，企业新增了多台服务器，但由于企业技术人员，在防火墙中对新增服务器并未做特定的安全防护策略，从而攻击者可通过端口扫描、利用外网业务端口映射等手段和漏洞获取内网服务器地址；防火墙对敏感端口如 443、1433、3389 等未做防护策略，增大了 SQL 注入等攻击手段成功的概率。

A 企业服务器网络还存在服务器防火墙关闭，攻击者可根据 ping 命令检测业务服务器的在线状态；服务器安装杀毒软件为普通版 360 杀毒并且没有及时更新；服务器重要数据通过人工备份手段备份至备份服务器中，不能及时有效地对数据进行数据备份；技术人员通过远程桌面配置服务器，未对维护人员和过程进行审计；部门之间采用共享文件夹方式共享资料，未对 445 端口做防护和限制；内网电脑用户上网没有审计系统，对一些含有病毒的网站没有防护设备；部分内网电脑未装杀

毒软件增大了病毒内网传播的概率等问题。

三、A 企业数据中心信息网络安全评测方案

安全风险评测的内容主要包括评估安全威胁、评估安全漏洞、企业的员工及其行为评估等。

（1）评估安全威胁。评估安全威胁是通过对已知和未知的威胁进行评估，从而确定哪些威胁可能会对企业产生影响。该评估必须考虑到企业的行业特性、业务流程和数据类型等因素，以保证全面准确。

（2）评估安全漏洞。安全漏洞是指企业的软件和硬件组件中存在的未经授权或未得到充分保护的弱点，容易被利用而导致信息被泄露或遭受攻击。企业需要对各个方面进行详细的安全漏洞评估，包括操作系统、网络、数据库、应用程序等。

（3）企业的员工及其行为评估。对企业的员工及其行为进行评估，旨在发现危险行为或者欺诈行为等安全威胁。同时，对企业员工进行安全培训，确保员工能够充分认识到安全风险，掌握相应的安全技能。

四、问题整改

我们对华三防火墙 F1020 进行系统升级，使其更新至最新版本；使用 VLAN、DMZ 区域指定等技术，加强对服务器区域的防护。我们在整个网络出口位置部署了深网科技的 SWG001-E 网闸、华三 M9000 防火墙、华三 F1000-AK WAF 设备。核心网络旁挂一台深信服 AC-1000-SK 网络行为管理设备，用来阻止 SQL 注入攻击，跨脚本攻击等网络攻击行为；对内网用户实现行为管理，配置管理策略，对敏感网络和网络病毒实施阻断。

内网服务器开启防火墙，安装火绒服务器版本，对远程桌面和重要端口做好防护，设置定时杀毒、定时修补漏洞、定时安装系统更新等功能。出口位置旁挂金盾 OSA 设备，用来对系统管理员进行权限分配和审计，对操作过程实时监控，确保操作过程可追溯。部署鼎甲备份一体机，对企业的重要数据、数据库、服务器系统进行备份，根据不同数据采取全量备份、增量备份、差异备份等不同的策略，保证企业数据安全。企业出口位置旁挂深信服 SSL VPN 设备，取消外网映射方式连接业务，对外业务使用 SSL 拨号接入，对通信地址和数据类型做好通行策略，实现重要数据的安全通信。部署火绒杀毒软件服务平台，对内网用户统一安装企业版火绒杀毒软件，监控内网异常和攻击行为，并修补客户端系统漏洞。内网禁止文件共享方式分享文件，部署 NAS 服务器，对相关部门和人员进行权限分配，使用 NAS 来实现文件共享和管理。

在项目实施过程中未充分重视 A 企业运维技术人员的培训，在后期的维护和系统升级中技术人员不能及时处理小故障和网络攻击，在项目后期对相关人员进行了专项培训和考试，对厂内其他人员进行了网络安全宣传和防护常识培训。

五、总结

由于项目组全体成员齐心协力，项目的测评和整改工作十分成功，并获得用户的高度评价。通过漏洞扫描，渗透测试等扫描手段，发现了一些安全设备无法及时防护的问题，提高了客户网络的安全性。在项目的整个实施过程中，还是存在一些不足之处，比如缺乏网络安全流量的可视化，项目人员安全意识不足等。我们计划在未来的网络安全项目建设中，通过部署安装流量威胁分析系统实现安全流量可视化；通过进一步加强安全教育培训来提高人员的安全意识。我会在以后的项目实施中不断地学习和探索，提升在网络规划设计工作中的工作能力和水平。

网络规划设计师机考试卷 第3套
综合知识卷

- 下面的作业调度算法中，__(1)__ 算法平均等待时间最小。
  (1) A．先到先服务　　B．优先级　　C．短作业优先　　D．长作业优先
- __(2)__ 是一种客户端脚本语言，它采用解释方式在计算机上执行。
  (2) A．Python　　B．Java　　C．PHP　　D．JavaScript
- 事务的 __(3)__ 是指事务一旦提交，即使之后又发生故障，对其执行的结果也不会有任何影响。
  (3) A．原子性　　B．持久性　　C．隔离性　　D．一致性
- 使用图像扫描仪以 300DPI 的分辨率扫描一幅 3 英寸×3 英寸的图片，可以得到 __(4)__ 像素的数字图像。
  (4) A．100×100　　B．300×300　　C．600×600　　D．900×900
- 以下关于信息的表述，不正确的是 __(5)__ 。
  (5) A．信息是对客观世界中各种事物的运动状态和变化的反映
  　　B．信息是事物的运动状态和状态变化方式的自我表述
  　　C．信息是事物普遍的联系方式，具有不确定性、不可量化等特点
  　　D．信息是主体对于事物的运动状态以及状态变化方式的具体描述
- 软件重用是指在两次或多次不同的软件开发过程中重复使用相同或相似软件元素的过程。软件元素包括 __(6)__ 、测试用例和领域知识等。
  (6) A．项目范围定义、需求分析文档、设计文档
  　　B．需求分析文档、设计文档、程序代码
  　　C．设计文档、程序代码、界面原型
  　　D．程序代码、界面原型、数据表结构
- 软件集成测试将已通过单元测试的模块集成在一起，主要测试模块之间的协作性。从组装策略而言，可以分为 __(7)__ 。集成测试计划通常是在 __(8)__ 阶段完成，集成测试一般采用黑盒测试方法。
  (7) A．批量式组装和增量式组装　　B．自顶向下和自底向上组装
  　　C．一次性组装和增量式组装　　D．整体性组装和混合式组装
  (8) A．软件方案建议　　B．软件概要设计
  　　C．软件详细设计　　D．软件模块集成
- 某公司有 400 万元资金用于甲、乙、丙三厂追加投资。不同的厂获得不同的投资款后的效益见下表。适当分配投资（以万元为单位）可以获得的最大的总效益为 __(9)__ 。

工厂	投资和效益/万元				
	0	1	2	3	4
甲	380	410	480	600	660
乙	400	420	500	600	660
丙	480	640	680	780	780

(9) A．1510　　　　B．1560　　　　C．1640　　　　D．1690

● M公司购买了N画家创作的一幅美术作品原件。M公司未经N画家的许可，擅自将这幅美术作品作为商标注册，并大量复制用于该公司的产品上。M公司的行为侵犯了N画家的__(10)__。

(10) A．著作权　　　B．发表权　　　C．商标权　　　D．展览权

● 以下关于以太网交换机转发表的叙述中，正确的是__(11)__。

(11) A．交换机的初始MAC地址表为空

　　　B．交换机接收到数据帧后，如果没有相应的表项，则不转发该帧

　　　C．交换机通过读取输入帧中的目的地址添加相应的MAC地址表项

　　　D．交换机的MAC地址表项是静态增长的，重启时地址表清空

● 1000BASE-TX采用的编码技术为__(12)__。

(12) A．PAM5　　　B．8B6T　　　C．8B10B　　　D．MLT-3

● HDLC协议通信过程如下图所示，其中属于U帧的是__(13)__。

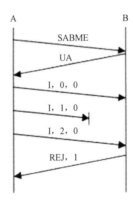

(13) A．仅SABME　　　　　　　　B．SABME和UA

　　　C．SABME、UA和REJ,1　　　D．SABME、UA和I,0,0

● HDLC协议中采用比特填充技术的目的是__(14)__。

(14) A．避免帧内部出现01111110序列时被当作标志字段处理

　　　B．填充数据字段，使帧的长度不小于最小帧长

　　　C．填充数据字段，匹配高层业务速率

　　　D．满足同步时分多路复用需求

- 以下关于虚电路交换技术的叙述中，错误的是 __(15)__ 。
  - (15) A．虚电路交换可以实现可靠传输　　　B．虚电路交换可以提供顺序交付
  　　　　C．虚电路交换与电路交换不同　　　　D．虚电路交换不需要建立连接
- 以下关于 ADSL 的叙述中，错误的是 __(16)__ 。
  - (16) A．采用 DMT 技术，依据不同的信噪比为子信道分配不同的数据速率
  　　　　B．采用回声抵消技术允许上下行信道同时双向传输
  　　　　C．通过授权时隙获取信道的使用
  　　　　D．通过不同宽带提供上下行不对称的数据速率
- 100BASE-TX 采用的编码技术为 __(17)__ ，采用 __(18)__ 个电平来表示二进制 0 和 1。
  - (17) A．4B5B　　　B．8B6T　　　C．8B10B　　　D．MLT-3
  - (18) A．2　　　　B．3　　　　C．4　　　　D．5
- 局域网上相距 2km 的两个站点，采用同步传输方式以 10Mb/s 的速率发送 150000 字节大小的 IP 报文。假定数据帧长为 1518 字节，其中首部为 18 字节；应答帧为 64 字节。若在收到对方的应答帧后立即发送下一帧，则传送该文件花费的总时间为 __(19)__ ms（传播速率为 200m/μs），线路的有效速率为 __(20)__ Mb/s。
  - (19) A．1.78　　　B．12.86　　　C．17.8　　　D．128.6
  - (20) A．6.78　　　B．7.86　　　C．8.9　　　D．9.33
- 以下关于区块链应用系统中"挖矿"行为的描述中，错误的是 __(21)__ 。
  - (21) A．矿工"挖矿"取得区块链的记账权，同时获得代币奖励
  　　　　B．挖矿本质上是在尝试计算一个 Hash 碰撞
  　　　　C．挖矿是一种工作量证明机制
  　　　　D．可以防止比特币的双花攻击
- 广域网可以提供面向连接和无连接两种服务模式。对应于两种服务模式，广域网有虚电路和数据报两种传输方式。以下关于虚电路和数据报的叙述中，错误的是 __(22)__ 。
  - (22) A．虚电路方式中每个数据分组都含有源端和目的端的地址，而数据报方式则不然
  　　　　B．对于会话信息，数据报方式不存储状态信息，而虚电路方式对于建立好的每条虚电路都要求占有虚电路表空间
  　　　　C．数据报方式对每个分组独立选择路由，而虚电路方式在虚电路建好后，路由就已确定，所有分组都经过此路由
  　　　　D．数据报方式中，分组到达目的地可能失序。而虚电路方式中，分组一定有序到达目的地
- 在光纤通信中，WDM 实际上是 __(23)__ 。
  - (23) A．OFDM (Optical Frequency Division Multiplexing)
  　　　　B．OTDM (Optical Time Division Multiplexing)
  　　　　C．CDM (Code Division Multiplexing)
  　　　　D．EDFA (Erbium Doped Fiber Amplifier)

- 在 Linux 操作系统中，DNS 的配置文件是__(24)__，它包含了主机的域名搜索顺序和 DNS 服务器的地址。

  (24) A．/etc/hostname　　　　　　　B．/dev/host.conf
  　　　C．/etc/resolv.conf　　　　　　D．/dev/name.conf

- 假设 CDMA 发送方在连续两个时隙发出的编码为：+1+1+1−1+1−1−1−1−1−1+1−1+1+1+1，发送方码片序列为+1+1+1−1+1−1−1−1，则接收方解码后的数据应为__(25)__。

  (25) A．01　　　　B．10　　　　C．00　　　　D．11

- 对下面 4 个网络 110.125.129.4/24、110.125.130.0/24、110.125.132.0/24 和 110.125.133.0/24 进行路由汇聚，能覆盖这 4 个网络的地址是__(26)__。

  (26) A．110.125.128.0/21　　　　B．110.125.128.0/22
  　　　C．110.125.130.0/22　　　　D．110.125.132.0/23

- 在命令提示符中执行 ping www.xx.com，所得结果如下所示，根据 TTL 值可初步判断服务器 182.24.21.58 操作系统的类型是__(27)__，其距离执行 ping 命令的主机有__(28)__跳。

  ```
  C:\Users>ping www.xx.com

  Pinging public-v6.sparta.mig.tc-cloud.net [182.24.21.58] with 32 bytes of data:
  Reply from 182.24.21.58: bytes=32 time=20ms TTL=50
  Reply from 182.24.21.58: bytes=32 time=20ms TTL=50
  Reply from 182.24.21.58: bytes=32 time=20ms TTL=50
  Reply from 182.24.21.58: bytes=32 time=20ms TTL=50

  Ping statistics for 182.24.21.58:
      Packets: Sent = 4, Received = 4, Lost = 0 (0% loss),
  Approximate round trip times in milli-seconds:
      Minimum = 20ms, Maximum = 20ms, Average = 20ms
  ```

  (27) A．Windows XP　　B．Windows Server 2008　　C．FreeBSD　　D．iOS 12.4
  (28) A．78　　　　B．14　　　　C．15　　　　D．32

- 下列哪种 BGP 属性不会随着 BGP 的 Update 报文通告给邻居？__(29)__

  (29) A．PrefVal　　　B．Next-Hop　　　C．As-Path　　　D．Origin

- 一个由多个路由器相互连接构成的拓扑图如下图所示，图中数字表示路由之间链路的费用。OSPF 路由协议将利用__(30)__算法计算出路由器 u 到 z 的最短路径，费用值为__(31)__。

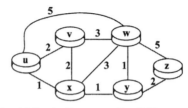

  (30) A．Prim　　　B．Floyd-Warshall　　　C．Dijkstra　　　D．Bellman-Ford
  (31) A．10　　　　B．4　　　　C．3　　　　D．5

- RIP 路由协议规定在邻居之间每 30s 进行一次路由更新通告，如果__(32)__仍未收到邻居的通告信息，则可以判定与该邻居路由器间的链路已经断开。

（32）A．60s　　　　　B．120s　　　　　C．150s　　　　　D．180s

● 假设一个 IP 数据报总长度为 4000B，要经过一段 MTU 为 1500B 的链路，该 IP 数据报必须经过分片才能通过该链路。以下关于分片的描述中，正确的是___（33）___。

（33）A．该原始 IP 数据报是 IPv6 数据报
　　　B．分片后的数据报将在通过该链路后的路由器进行重组
　　　C．数据报被分为 3 片，这 3 片的总长度为 4000B
　　　D．分片中的最后一片，标志位 Flag 为 0，Offset 字段为 370

● 以下为某 Windows 主机执行 tracert www.xx.com 命令的结果，其中第 13 跳返回信息为 3 个 "*"，且地址信息为 "Request timed out."，出现这种问题的原因可排除___（34）___。

```
C:\Users>tracert www.xx.com

Tracing route to public-v6.sparta.mig.tencent-cloud.net [182.254.21.36]
over a maximum of 30 hops:

  1    <1 ms   <1 ms   <1 ms  219.244.188.129
  2    <1 ms   <1 ms   <1 ms  10.196.0.25
  3     1 ms   <1 ms    1 ms  10.196.0.1
  4     1 ms    1 ms    1 ms  202.117.145.90
  5     3 ms    2 ms    2 ms  219.244.175.193
  6     2 ms    6 ms    2 ms  101.4.117.178
  7    18 ms   18 ms   18 ms  101.4.112.13
  8    18 ms   18 ms   18 ms  219.224.103.38
  9    17 ms   17 ms   17 ms  101.4.130.106
 10    21 ms   21 ms   21 ms  10.196.90.217
 11    21 ms   21 ms   21 ms  10.200.19.114
 12    23 ms   22 ms   22 ms  10.200.6.162
 13     *       *       *     Request timed out.
 14    27 ms   23 ms   23 ms  10.244.255.51
 15    20 ms   20 ms   20 ms  182.254.21.36

Trace complete.
```

（34）A．第 13 跳路由器拒绝对 ICMP Echo request 做出应答
　　　B．第 13 跳路由器不响应但转发端口号大于 32767 的数据报
　　　C．第 13 跳路由器处于离线状态
　　　D．第 13 跳路由器的 CPU 忙，延迟对该 ICMP Echo request 做出响应

● 以下为某 UDP 报文的两个 16 比特，计算得到的 Internet checksum 为___（35）___。

$$1110011001100110$$
$$1101010101010101$$

（35）A．1101110110111011　　　　B．1100010001000100
　　　C．1011101110111100　　　　D．0100010001000011

● 假设主机 A 通过 Telnet 连接了主机 B，连接建立后，在命令行输入字符 "C"。如下图所示，主机 B 收到一字符 "C" 后，用于传输回送消息的 TCP 段的序列号 seq 应为___（36）___，确认号 ack 应为___（37）___。

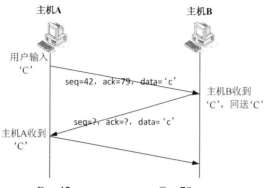

(36) A. 随机数　　　B. 42　　　C. 79　　　D. 43
(37) A. 随机数　　　B. 43　　　C. 79　　　D. 42

- TCP 可靠传输机制为了确定超时计时器的值，首先要估算 RTT。估算 RTT 采用如下公式：估算 RTTs=(1–α)×(旧的 RTTs)+α×(新的 RTT 样本)，其中α的值常取为 (38) 。
(38) A. 1/8　　　B. 1/4　　　C. 1/2　　　D. 1/16

- SYN Flooding 攻击的原理是 (39) 。
(39) A. 利用 TCP 三次握手，恶意造成大量 TCP 半连接，耗尽服务器资源，导致系统拒绝服务
　　B. 有些操作系统在实现 TCP/IP 协议栈时，不能很好地处理 TCP 报文的序列号紊乱问题，导致系统崩溃
　　C. 有些操作系统在实现 TCP/IP 协议栈时，不能很好地处理 IP 分片包的重叠情况，导致系统崩溃
　　D. 有些操作系统协议栈在处理 IP 分片时，对于重组后超大的 IP 数据报不能很好地处理，导致缓存溢出而系统崩溃

- 某 Windows 主机网卡的连接名为"local"，下列命令中用于配置默认路由的是 (40) 。
(40) A. netsh interface ipv6 add address "local" 2001:200:2020:1000::2
　　B. netsh interface ipv6 add route "local" 2001:200:2020:1000::/64 "local"
　　C. netsh interface ipv6 add route ::/0 "local" 2001:200:2020:1000::1
　　D. interface ipv6 add dns "local" 2001:200:2020:1000::33

- 采用 B/S 架构设计的某图书馆在线查询阅览系统，终端数量为 400 台，下列配置设计合理的是 (41) 。
(41) A. 用户终端需具备高速运算能力　　　B. 用户终端需配置大容量存储
　　C. 服务端需配置大容量内存　　　　　D. 服务端需配置大容量存储

- 以下关于延迟的说法中，正确的是 (42) 。
(42) A. 在对等网络中，网络的延迟大小与网络中的终端数量无关
　　B. 使用路由器进行数据转发所带来的延迟小于交换机
　　C. 使用 Internet 服务能够最大限度地减小网络延迟
　　D. 服务器延迟的主要影响因素是队列延迟和磁盘 I/O 延迟

- ___(43)___不属于ISO 7498-2标准规定的五大安全服务。
  (43) A．数字证书　　　B．抗抵赖服务　　　C．数据鉴别　　　D．数据完整性
- 能够增强和提高网际层安全的协议是___(44)___。
  (44) A．IPSec　　　B．L2TP　　　C．TLS　　　D．PPTP
- 以下关于Kerberos认证的说法中，错误的是___(45)___。
  (45) A．Kerberos是在开放的网络中为用户提供身份认证的一种方式
  　　 B．系统中的用户要相互访问必须首先向CA申请票据
  　　 C．KDC中保存着所有用户的账号和密码
  　　 D．Kerberos使用时间戳来防止重放攻击
- 在PKI系统中，负责验证用户身份的是___(46)___，___(47)___用户不能够在PKI系统中申请数字证书。
  (46) A．证书机构（CA）　B．注册机构（RA）　C．证书发布系统　D．PKI策略
  (47) A．网络设备　　　B．自然人　　　C．政府团体　　　D．民间团体
- PDR模型是最早体现主动防御思想的一种网络安全模型，包括___(48)___3个部分。
  (48) A．保护、检测、响应　　　　　　B．保护、检测、制度
  　　 C．检测、响应、评估　　　　　　D．评估、保护、检测
- 两台运行在PPP链路上的路由器配置了OSPF单区域，当这两台路由器的Router ID设置相同时，___(49)___。
  (49) A．两台路由器将建立正常的完全邻居关系
  　　 B．VRP会提示两台路由器的Router ID冲突
  　　 C．两台路由器将会建立正常的完全邻接关系
  　　 D．两台路由器将不会互相发送hello信息
- 管理员只是无法通过Telnet来管理路由器，下列故障原因中不可能的是___(50)___。
  (50) A．该管理员用户账号被禁用或删除
  　　 B．路由器设置了ACL
  　　 C．路由器的telnet服务被禁用
  　　 D．该管理员用户账号的权限级别被修改为0
- PPP是一种数据链路层协议，其协商报文中用于检测链路是否发生自环的参数是___(51)___。
  (51) A．MRU　　　B．ACCM　　　C．Magic Number　　　D．ACFC
- 以下关于RIP路由协议与OSPF路由协议的描述中，错误的是___(52)___。
  (52) A．RIP基于距离矢量算法，OSPF基于链路状态算法
  　　 B．RIP不支持VLSM，OSPF支持VLSM
  　　 C．RIP有最大跳数限制，OSPF没有最大跳数限制
  　　 D．RIP收敛速度慢，OSPF收敛速度快
- 以下关于OSPF协议路由聚合的描述中，正确的是___(53)___。
  (53) A．ABR会自动聚合路由，无须手动配置
  　　 B．在ABR和ASBR上都可以配置路由聚合

C．一台路由器同时做 ABR 和 ASBR 时不能聚合路由

D．ASBR 上能聚合任意的外部路由

● 在 Windows 操作系统中，默认权限最低的用户组是 （54） 。

（54）A．System B．Administrators

C．Power Users D．Users

● 在 Linux 操作系统中，保存密码口令及其变动信息的文件是 （55） 。

（55）A．/etc/users B．/etc/group C．/etc/passwd D．/etc/shadow

● EPON 可以利用 （56） 定位 OLT 到 ONU 段的故障。

（56）A．EPON 远端环回测试 B．自环测试

C．OLT 端外环回测试 D．ONU 端外环回测试

● 以下关于单模光纤与多模光纤区别的描述中，错误的是 （57） 。

（57）A．单模光纤的工作波长一般是 1310nm、1550nm，多模光纤的工作波长一般是 850nm

B．单模光纤纤径一般为 9/125μm，多模光纤纤径一般为 50/125μm 或 62.5/125μm

C．单模光纤常用于短距离传输，多模光纤多用于远距离传输

D．单模光纤的光源一般是 LD 或光谱线较窄的 LED，多模光纤的光源一般是发光二极管或激光器

● 每一个光纤通道节点至少包含一个硬件端口，按照端口支持的协议标准有不同类型的端口，其中 NL_PORT 是 （58） 。

（58）A．支持仲裁环路的节点端口 B．支持仲裁环路的交换端口

C．光纤扩展端口 D．通用端口

● 光纤通道提供了 3 种不同的拓扑结构，在光纤交换拓扑中，N_PORT 端口通过相关链路连接至 （59） 。

（59）A．NL_PORT B．FL_PORT

C．F_PORT D．E_PORT

● 企业级路由器的初始配置文件通常保存在 （60） 上。

（60）A．SDRAM B．NVRAM C．Flash D．Boot ROM

● RAID1 中的数据冗余是通过 （61） 技术实现的。

（61）A．XOR 运算 B．海明码校验 C．P+Q 双校验 D．镜像

● 在 IEEE 802.11 WLAN 标准中，频率范围在 5.15～5.35GHz 的是 （62） 。

（62）A．802.11 B．802.11a C．802.11b D．802.11g

● 在进行室外无线分布系统规划时，菲涅尔区因素的影响主要是在 （63） 方面，是一个重要的指标。

（63）A．信道设计 B．宽带设计 C．覆盖设计 D．供电设计

● 检查设备单板温度显示如下所示，对单板温度为正常的判断是 （64） ，如果单板温度异常，首先应该检查 （65） 。

（64）A．Temp(C)小于 Minor B．Temp(C)大于 Major

C．Temp(C)大于 Fatal D．Temp(C)小于 Major

```
<HUAWEI> display temperature slot 9
Base-Board, Unit:C, Slot 9
------------------------------------------------------------
PCB      I2C ADDr Chl  Status   Minor  Major Fatal FanTMin FanTMax Temp(C)
------------------------------------------------------------
NSP120   520 72   0    NORMAL   90     95    100   65      80      53
NSP120   520 73   0    NORMAL   70     75    80    0       65      39
```

(65) A．CPU 温度　　　B．风扇　　　　C．机房温度　　　D．电源

● 在华为 VRP 平台上，直连路由、OSPF、RIP、静态路由按照优先级从高到低的排序是　(66)　。

(66) A．OSPF、直连路由、静态、RIP　　　B．直连路由、静态、OSPF、RIP
　　 C．OSPF、RIP、直连路由、静态　　　D．直连路由、OSPF、静态、RIP

● 网络管理员监测到局域网内计算机的传输速度变得很慢，可能造成该故障的原因有　(67)　。
①网络线路介质故障　　②计算机网卡故障　　③蠕虫病毒
④WannaCry 勒索病毒　⑤运营商互联网接入故障　⑥网络广播风暴

(67) A．①②⑤⑥　　B．①②③④　　C．①②③⑤　　D．①②③⑥

● 某大楼干线子系统采用多模光纤布线，施工完成后发现设备间子系统到楼层配线间网络丢包严重，造成该故障的可能原因是　(68)　。

(68) A．该段光缆至少有 1 芯光纤断了　　B．光纤熔接不合格，造成光衰大
　　 C．该段光缆传输距离超过 100m　　D．水晶头接触不良

● 如以下（a）图所示，某网络中新接入交换机 SwitchB，交换机 SwitchB 的各接口均插入网线后，SwitchA 的 GE1/0/3 接口很快就会处于 down 状态，拔掉 SwitchB 各接口的网线后（GE1/0/1 除外），SwitchA 的 GE1/0/3 接口很快就会恢复到 up 状态，SwitchA 的 GE1/0/3 接口配置如以下（b）图所示，造成该故障的原因可能是　(69)　。

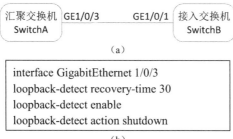

(69) A．SwitchB 存在非法 DHCP 服务器　　B．SwitchB 存在环路
　　 C．SwitchA 性能太低　　　　　　　　D．SwitchB 存在病毒

● 某数据中心配备两台核心交换机 CoreA 和 CoreB，并配置 VRRP 协议实现冗余。网络管理员例行巡查时，在核心交换机 CoreA 上发现内容为 "The state of VRRP changed from master to other state" 的告警日志，经过分析，下列选项中不可能造成该告警的原因是　(70)　。

(70) A．CoreA 和 CoreB 的 VRRP 优先级发生变化　　B．CoreA 发生故障
　　 C．CoreB 发生故障　　　　　　　　　　　　　　D．CoreB 从故障中恢复

- Secure Shell(SSH) is a cryptographic network protocol for operating network services securely over an (71) network. Typical applications include remote command-line, login, and remote command execution, but any network service can be secured with SSH. The protocol works in the (72) model, which means that the connection is established by the SSH client connecting to the SSH server. The SSH client drives the connection setup process and uses public key cryptography to verify the (73) of the SSH server. After the setup phase the SSH protocol uses strong (74) encryption and hashing algorithms to ensure the privacy and integrity of the data that is exchanged between the client and server. There are several options that can be used for user authentication. The most common ones are passwords and (75) key authentication.

（71）A. encrypted   B. unsecured   C. authorized   D. unauthorized
（72）A. C/S   B. B/S   C. P2P   D. distributed
（73）A. capacity   B. services   C. applications D. identity
（74）A. dynamic   B. random   C. symmetric   D. asymmetric
（75）A. public   B. private   C. static   D. dynamic

网络规划设计师机考试卷 第3套
案例分析卷

试题一（共 25 分）

阅读以下说明，回答【问题 1】至【问题 4】。

【说明】某企业网络拓扑如图 1-1 所示。

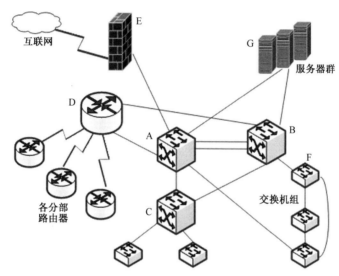

图 1-1 某企业网络拓扑图

【问题 1】（6 分）

根据图 1-1，将该网络主要设备清单表（表 1-1）所示内容补充完整。

表 1-1 网络主要设备清单表

设备名	在网络中的编号	产品描述
Cisco6509	A，B	核心主、备交换机
Cisco4506	（1）	（2）
Ws-c3550-48	交换机组 F	接入层交换机
Cisco3745	（3）	（4）
Netscreen-500	（5）	（6）

【问题2】（8分）

1. 网络中 A、B 设备连接的方式是什么？依据 A、B 设备性能及双链路连接，计算两者之间的最大宽带。

2. 交换机组 F 的连接方式是什么？采用这种连接方式的好处是什么？

【问题3】（6分）

该网络拓扑中连接到各分部可采用租赁 ISP 的 DDN、Frame Relay、ISDN 线路等方式，请简要介绍这几种连接方式。

【问题4】（5分）

若考虑到成本问题，对其中一条连接用 VPN 的方式，在分部路由器上做下列配置：

sub-company(config)#crypto isakmp policy 1
sub-company(config-isakmp)#encry des
sub-company(config-isakmp)#hash md5
sub-company(config-isakmp)#authentication pre-share
sub-company(config)# crypto isakmp key 6 cisco address x.x.x.x

该命令片段配置的是___(7)___。

A．定义 ESP　　　B．IKE 策略　　　C．IPSec VPN 数据　　　D．路由映射

在该配置中，IP 地址 x.x.x.x 是该企业的总部 IP 地址还是分部 IP 地址？

试题二（共 25 分）

阅读以下说明，回答【问题1】至【问题4】。

【说明】某企业数据中心拓扑如图 2-1 所示，均采用互联网双线接入，实现冗余和负载。两台核心交换机通过虚拟化配置实现关键链路冗余和负载均衡，各服务器通过 SAN 存储网络与存储系统连接。关键数据通过虚拟专用网络加密传输，定期备份到异地灾备中心，实现数据冗余。

【问题1】（8分）

在①处部署___(1)___设备，实现链路和业务负载，提高线路和业务的可用性。

在②处部署___(2)___实现 Switch A 与两台核心交换机之间的链路冗余。

在③处部署___(3)___设备，连接服务器 HBA 卡，在该设备上配置___(4)___。

【问题2】（8分）

为保障关键数据的安全，利用虚拟专用网络，在本地数据中心与异地灾备中心之间建立隧道，使用 IPSec 协议实现备份数据的加密传输，IPSec 使用默认端口。

根据上述需求回答以下问题：

（1）应在④处部署什么设备实现上述功能需求？

（2）在两端防火墙上需开放 UDP4500 和什么端口？

（3）在有限带宽下如何提高备份时的备份效率？

（4）请简要说明增量备份和差异备份的区别。

【问题3】（6分）

分布式存储解决方案在实践中得到了广泛的应用。请从成本、扩容、IOPS、冗余方式和稳定性 5 个方面对传统集中式存储和分布式存储进行比较，并说明原因。

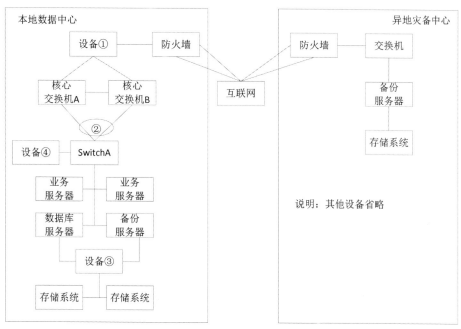

图 2-1　某企业数据中心拓扑图

【问题 4】（3 分）

数据中心设计是网络规划设计的重要组成部分，请简述数据中心选址应符合的条件和要求。（至少回答 3 点）

试题三（共 25 分）

阅读以下说明，回答【问题 1】至【问题 4】。

【说明】

案例一　据新闻报道，某单位的网络维护员张某将网线私自接到单位内部专网，通过专网远程登录到该单位的某银行储蓄所营业员的电脑，破解默认密码后，以营业员身份登录系统，盗取该银行 83.5 万元。该储蓄所使用与互联网物理隔离的专用网络，且通过防火墙设置层层防护，但最终还是被张某非法入侵，并造成财产损失。

案例二　据国内某网络安全厂商通报，我国的航空航天、科研机构、石油行业、大型互联网公司以及政府机构等多个单位受到多次不同程度的 APT 攻击，攻击来源均为国外几个著名的 APT 组织。比如某境外 APT 组织搭建钓鱼攻击平台，冒充"系统管理员"向某科研单位多名人员发送钓鱼邮件，邮件附件中包含有伪造 Office、PDF 图标的 PE 文件或者含有恶意宏的 Word 文件，该单位小李打开钓鱼邮件的附件后，其工作电脑被植入恶意程序，获取到小李个人邮箱的账号和登录密码，导致其电子邮箱被秘密控制。之后，该 APT 组织定期远程登录小李的电子邮箱收取文件，并利用该邮箱向小李的同事、下级单位人员发送数百封木马钓鱼邮件，致使十余人下载单击了木马程序，相关人员计算机被控制，造成敏感信息被窃取。

【问题 1】(4 分)

安全运维管理作为信息系统安全的重要组成部分，一般从环境管理、资产管理、设备维护管理、漏洞和风险管理、网络和系统安全管理、恶意代码管理、备份与恢复管理、安全事件处置、外包运维管理等方面进行规范。其中：

（1）规范机房出入管理，定期对配电、消防、空调等设施维护管理应属于 __(1)__ 范围。

（2）分析和鉴定安全事件发生的原因，收集证据，记录处理过程，总结经验教训应属于 __(2)__ 范围。

（3）制定重要设备和系统的配置和操作手册，按照不同的角色进行安全运维管理应属于 __(3)__ 范围。

（4）定期开展安全测评，形成安全测评报告，采取措施应对发现的安全问题应属于 __(4)__ 范围。

【问题 2】(8 分)

请分析案例二中网络系统存在的安全隐患和问题。

【问题 3】(8 分)

分析案例二，回答下列问题：

（1）请简要说明 APT 攻击的特点。

（2）请简要说明 APT 攻击的步骤。

【问题 4】(5 分)

结合上述案例，请简要说明从管理层面应如何加强安全防范。

网络规划设计师机考试卷 第 3 套
论文

论企业网中 VPN 的规划与设计

VPN 即虚拟专用网络，是一种利用不安全网络发送可靠、安全消息的一种技术，涉及加解密、隧道技术、密钥保护等多种技术，可通过服务器、硬件、软件等多种方式来实现。

请围绕 **"网络规划与设计中的 VPN 技术"** 论题，依次对以下 3 个方面进行论述。

1. 简要论述常用的 VPN 技术。
2. 详细叙述你参与设计和实施的大中型网络项目中采用的 VPN 方案。
3. 分析和评估你所采用的 VPN 方案的效果以及相关的改进措施。

网络规划设计师机考试卷 第3套
综合知识卷参考答案与试题解析

（1）**参考答案**：C

试题解析 短作业(进程)优先调度算法，是指对短作业或短进程优先调度的算法。这种调度方式能使作业的平均等待时间降至最低，但对长作业不利，可能导致长作业(进程)长期不被调度。

（2）**参考答案**：D

试题解析 JavaScript 是一种解释性的、跨平台网络脚本语言，通常通过嵌入 HTML 中添加交互行为，用于设计网页动态功能。JavaScript 也可以写成 js 文件。

（3）**参考答案**：B

试题解析 事务持久性是指事务结束前所有数据改动必须保持到物理存储中。事务一旦提交，即使之后又发生故障，对其执行的结果也体现在数据库中。

（4）**参考答案**：D

试题解析 DPI（Dot Per Inch）表示分辨率，属于打印机的常用单位，DPI 是指每英寸长度上的点数。DPI 的公式为：像素=英寸×DPI。

所以以 300DPI 的分辨率扫描一幅 3 英寸×3 英寸的图片，可以得到（300×3）×（300×3）像素的数字图像。

（5）**参考答案**：C

试题解析 选项 D 是"认识论"信息概念，选项 B 是"本体论"信息概念。在"信息的定量描述"中，香农用概率来定量描述信息，并给出了公式，"信息"可以理解为消除不确定性的一种度量，所以，选项 C 错误。

（6）**参考答案**：B

试题解析 软件元素包括程序代码、测试用例、设计文档、设计过程、需求分析文档甚至领域知识。

（7）（8）**参考答案**：C B

试题解析 软件集成测试将已通过了单元测试的各个模块集中在一起，主要测试模块间的协作性。从组装策略而言，可以分为一次性组装测试和增量式组装测试。集成测试计划通常是在软件概要设计阶段完成，集成测试一般采用黑盒测试方法。

（9）**参考答案**：C

试题解析 400 万元投资分配可能的方法有：
1）400 万元只投一个厂。
最大总效益=max{660+400+480, 660+380+480, **780+380+400**}=1560

2）300万元投一个厂，剩下100万元投给另一个厂。

比如：300万元如果投给甲，剩下100万元投丙效益更高，所以该情况下总效益=600+640+400=1640。

依此类推，300万元如果投给乙总效益=600+640+380=1620；300万元如果投给丙总效益=780+410+400=1590。

最大总效益=max{**600+640+400**, 600+640+380, 780+410+400}=1640

3）各投200万元给两个厂，剩下一厂没有投资。

最大总效益=max{480+500+480, **480+680+400**, 500+680+380}=1560

4）给一个厂投200万元，给其他两个厂各投100万元。

最大总效益=max{480+420+640, **500+410+640**, 680+410+420}=1550

综合1）~4）得到，方案2）最优；方案2）最优分配方式是甲厂投300万元，丙厂投100万元，最大效益1640万元。

（10）**参考答案**：A

试题解析 著作权包括著作人身权和著作财产权两部分。

1）著作人身权：包括发表权、署名权、修改权和保护作品完整权。

2）著作财产权：包括复制权、发行权、出租权、改编权、翻译权、汇编权、展览权、信息网络传播权以及应当由著作权人享有的其他权利。

著作权法规定："美术等作品原件所有权的转移，不视为作品著作权的转移。"所以，M公司购买了N画家创作的一幅美术作品原件，但复制权等著作权仍属于N画家。

（11）**参考答案**：A

试题解析 交换机在处理找不到的数据帧时，为了避免数据转发不到目的，往所有端口转发。交换机通过读取输入帧中的源地址添加相应的MAC地址表项，故交换机的MAC地址表项是动态变化的。

（12）**参考答案**：A

试题解析 1000BASE-T使用4对双绞线,每对线进行双向传输的全双工网络。1000BASE-T支持超五类或者性能较好五类双绞线。

1000BASE-TX使用4对双绞线，其中2对线发送，2对线接收。1000BASE-TX只能支持六类双绞线。1000BASE-TX采用的编码技术为PAM5。

（13）**参考答案**：B

试题解析 无编号帧（U帧）可以实现链路控制和连接管理。该帧可以分为传输信息的命令和响应帧；用于链路恢复的命令和响应帧；设置数据传输方式的命令和响应帧；其他命令和响应帧。该帧包含建立连接的SABME帧、次站对主站命令确认的UA帧。

（14）**参考答案**：A

试题解析 HDLC帧结构中,01111110被认为是帧边界。为了避免帧内部出现01111110序列时被当作边界字段处理，HDLC采用零比特填充法使一帧中不会出现6个连续的1。

（15）**参考答案**：D

试题解析 虚电路在传输分组前建立逻辑连接，由于连接源主机与目的主机的物理链路已经存在，因此不需要真正去建立一条物理链路，但还是要建立连接。

（16）**参考答案**：C

试题解析　ADSL（Asymmetric Digital Subscriber Line）非对称数字用户线路属于 DSL 技术的一种，亦可称作非对称数字用户环路。ADSL 技术提供的上行和下行带宽不对称，因此称为非对称数字用户线路。

ADSL 采用 DMT（离散多音频）技术，将原来电话线路 4kHz～1.1MHz 频段划分成 256 个频宽为 4.3125kHz 的子频带。

ADSL 采用频分复用（FDM）方式把带宽分为 3 个部分：上、下行数据和普通电话业务信号。

（17）（18）**参考答案**：D　B

试题解析　多阶基带编码 3（Multi-Level Transmit，MLT-3）有 3 种状态表示二进制 0 和 1。该编码信号通常分成 3 种电位状态，分别为正电位、负电位、零电位。

（19）（20）**参考答案**：D　D

试题解析　由于以太网 MTU 的限制，需要对 IP 报文进行分块处理。每次可以传输的大小是 1518−18=1500 字节。因此，总时间=块数×（每块的传输时间+总传播时延+应答帧传输时间）

1）发送一帧总时间=每帧传输时间+应答帧来回传播时间=$(1518+64)×8/(10×10^6)+2×2000/200$ =1285.6μs。

2）总帧数=150000/(1518−18)=100 帧。

3）总时延=1285.6×100=128560μs≈128.6ms

有效数据速率=传输 1500 字节所占的时间/传送一帧的总时间×带宽

　　　　　=[(1500×8)b/10Mb/s]/1285.6μs×10Mb/s=(1500×8)/($1285.6×10^{-6}$)≈9.33Mb/s

（21）**参考答案**：D

试题解析　挖矿就是记账的过程，矿工是记账员，区块链就是账本。挖矿算法的实质就是哈希算法，其中 POW 挖矿算法就是工作量证明算法。双花攻击的"双花"就是双重支付，防止双花攻击的机制是 UTXO 机制、共识机制以及"多次确认"机制。

（22）**参考答案**：A

试题解析　虚电路方式中，传输分组数据前，先需要在源主机与目的主机之间建立一条虚电路，然后通过虚电路顺序传送分组数据，所以在虚电路方式中分组数据不必携带目的地址和源地址。

数据报方式中，无须在源主机与目的主机之间建立"线路连接"。源主机发送的每个分组数据可以通过不同路径到达目的主机，过程中还可能出现乱序、重复与丢失现象，所以每个分组数据在传输过程中都必须带有目的地址与源地址。

（23）**参考答案**：A

试题解析　WDM（Wavelength Division Multiplexing）即波（长）分复用，波长与频率成反比，因此将不同波长的光信号耦合到光纤中传输，实际上就是将不同频率的光信号耦合到光纤中传输，因此也可称为 OFDM（Orthogonal Frequency Division Multiplexing），即正交频分复用，正交是波的耦合方式，有资料称为 OFDM（Optical Frequency Division Multiplexing），即光频分复用。

（24）**参考答案**：C

试题解析　/etc/hostname 是可修改主机名的文件；/dev/host.conf 是包含了解析库配置信息；

/dev 路径下没有 name.conf 文件，而/etc/named.conf 是 bind 的主配置文件。/etc/resolv.conf 是 DNS 客户机的配置文件，用于设置 DNS 服务器的 IP 地址及 DNS 域名，还包含了主机的域名搜索顺序。

（25）**参考答案**：B

试题解析 CDMA 发送方在连续两个时隙发出的编码总共 16bit，则每个码片为 8bit。

解码步骤为：

1）将收到的码片序列分别和已知站的码片序列进行内积计算，并分别将内积结果÷8。结合本题条件，计算步骤如下：

[(+1,+1,+1,−1,+1,−1,−,1,−1)*(+1,+1,+1,−1,+1,−1,−1,−1)]/8=8/8=1；

[(+1,+1,+1,−1,+1,−1,−,1,−1)*(−1,−1,−1,+1,−1,+1,+1,+1)]/8=−8/8=−1。

2）若结果为 1，表示源站发送比特 1；若结果为−1，表示源站发送比特 0；若结果为 0，表示源站没有发送。

根据计算的结果 1、−1，可以知道解码后的数据应为 10。

（26）**参考答案**：A

试题解析 本题考查路由汇聚知识。比较题目中给出的 4 个网络，前两个字节都相同，只需把第 3 个字节（即第 17~24 位）分别转换为二进制位，并在纸上由上到下按位对齐写出，如下表所示。

位序 十进制	17	18	19	20	21	22	23	24
129	1	0	0	0	0	0	0	1
130	1	0	0	0	0	0	1	0
132	1	0	0	0	0	1	0	0
133	1	0	0	0	0	1	0	1

可见，表中灰色部分（第 17~21 位）都相同，所以应该作为汇聚网络的网络位，即第 1~21 位为汇聚网络的网络位，掩码为 21 位，至此已经可以得出正确答案。

网络位不变，各主机位归 0，就可得出汇聚网络的网络地址，即 $110.125.128_{(1000\ 0000)}.0$

（27）（28）**参考答案**：B B

试题解析 TTL（Time to Live）的字面意思是"存活时间"，其作用是限制 IP 数据包在计算机网络中存在的时间，但实际上，TTL 的值是指 ICMP 包在计算机网络中可以转发的最大跳数，每通过一跳，TTL 值减 1，当 TTL 值变为 0 时，该 ICMP 包会被丢弃。TTL 默认初始值减去 TTL 当前值，就是该包经过的跳数。通常 Windows Server 2008 的 TTL 默认初始值是 64，Linux/UNIX/FreeBSD 系统的 TTL 默认初始值是 255，iOS 的默认初始值为 255。根据题目中的 TTL=50，可得经过的路由器的个数为 64−50=14（个）。

（29）**参考答案**：A

试题解析 BGP（Boarder Gateway Protocol）即边界网关协议，又称自治系统<u>之间</u>的路由协议。

BGP 的所有功能都是通过其属性来实现的。PrefVal（Preference_Value）属性是华为设备特有的属性，仅在本地设备有效，该属性在 BGP 中属于"可选非传递属性"，不会传给 BGP 对等实体。

（30）（31）**参考答案**：C B

试题解析 OSPF 采用 Dijkstra 最短路径优先算法（Shortest Path First，SPF）计算最小生成树，确定最短路径。本题 u 到 z 的最短路径为 u→x→y→z，费用值为 4。

（32）**参考答案**：D

试题解析 RIP（Routing Information Protocol）协议规定，路由的更新周期为 30 秒，如果路由器 180 秒内没有回应，则说明路由不可达；如果 240 秒内没有回应，则删除路由表信息。

（33）**参考答案**：D

试题解析 IP 报文的标记字段（Flag）长度为 3 位。第 1 位不使用；第 2 位是不分段（DF）位，值为 1 表示不能分片，为 0 表示允许分片；第 3 位是更多分片（MF）位，值为 1 表示之后还有分片，为 0 表示是最后一个分片。

IP 报文的分片偏移字段（Fragment Offset）是标识分片之后各个片在原始数据中的相对位置，表示数的单位是 8 字节。第 3 片（最后一片）的偏移字段值=(MTU–IP 头部长)×(分片数–1)÷8=(1500–20)×2÷8=370。

（34）**参考答案**：C

试题解析 从第 13 跳超时之后，继续有第 14 跳的信息返回，表明第 13 跳一定是正常工作的，之所以显示*，可能是禁止了 ICMP 协议。

（35）**参考答案**：D

试题解析 校验和（checksum）用于验证传输报文的完整性。发送方发送报文时，先计算出头部或者数据校验和。IP 报文针对头部计算校验和，而 ICMP 报文则对报文头部和数据计算校验和。接收方接收到报文后，会根据同样的方法进行校验和计算，然后和接收到的校验和字段进行比对，如果比对结果不一致，则认为报文数据传输出错了。校验和计算的简要过程如下：①将数据划分为多个 16 位字的序列；②所有 16 位字进行二进制加法运算，如果最高位相加后产生进位，则最后得到的结果要加 1；③求和结果取反得到校验和。

具体到本题，过程如下：

```
          1110011001100110
        + 1101010101010101
出现溢出，进位1 1011101110111011
                       + 1
          1011101110111100
按位取反  0100010001000011
```

（36）（37）**参考答案**：C B

试题解析 seq 是 TCP 报文序号字段，ack 是 TCP 报文确认号字段，表示期待接收的下一个报文的序号，并标志之前的报文都已经成功接收。本题中，当主机 A 发送报文给 B 时，ack=79，表示期待接收的下一个报文的序号为 79，因此 B 发回的报文 seq 字段为 79。由于 B 接收到了 A 的序号为 42，则期望接收下一个报文序号为 43，所以 B 发回的报文 ack 字段为 43。

（38）**参考答案**：A

试题解析　根据 RFC 推荐，α 值为 1/8，这样计算的 RTTs 更加平滑。

（39）**参考答案**：A

试题解析　SYN Flooding 攻击的原理是利用 TCP 三次握手，恶意造成大量 TCP 半连接，耗尽服务器资源，导致系统拒绝服务。选项 B 是伪造 TCP 序列号攻击；选项 C 是 Teardrop 攻击；选项 D 是 Ping of Death 攻击。

（40）**参考答案**：B

试题解析　netsh 是 Windows 操作系统的网络配置命令行工具。

（41）**参考答案**：C

试题解析　服务端内存容量越高，能连接的终端数就越多。

（42）**参考答案**：D

试题解析　对等网络中主要影响服务器延迟的是队列延迟和磁盘 IO 延迟两类因素。

（43）**参考答案**：A

试题解析　ISO7498-2 描述了 5 种安全服务、8 项特定的安全机制以及 5 种普遍性的安全机制。
5 种安全服务：鉴别、访问控制、数据保密、数据完整性和抗抵赖服务。
8 项特定的安全机制：加密机制、数据签名机制、访问控制机制、数据完整性机制、认证机制、通信业务填充机制、路由控制机制以及公证机制。
5 种普遍性的安全机制：可信功能、安全标号、事件检测、安全审计跟踪和安全恢复。

（44）**参考答案**：A

试题解析　Internet 协议安全性（Internet Protocol Security，IPSec）是通过对 IP 协议的分组进行加密和认证来保护 IP 协议的网络传输协议簇（一些相互关联的协议的集合）。IPSec 工作在 TCP/IP 协议栈的网络层，为 TCP/IP 通信提供访问控制机密性、数据源验证、抗重放、数据完整性等多种安全服务。
PPTP 和 L2TP 属于第 2 层隧道协议；TLS 属于传输层协议。

（45）**参考答案**：B

试题解析　系统中的用户要相互访问必须首先向 AS（authorization server）申请初始票据。

（46）（47）**参考答案**：B　A

试题解析　注册机构（RA）是用户和 CA 间的一个接口，负责获取并认证用户身份，并向 CA 中心提出证书请求。这里的用户可以是个人、集团或团体、政府机构等。

（48）**参考答案**：A

试题解析　PDR（Protection Detection Response）模型是最早体现主动防御思想的一种网络安全模型，包括**保护**、**检测**、**响应** 3 个部分。

（49）**参考答案**：B

试题解析　OSPF 规定同一区域内 Router ID 必须不同。

（50）**参考答案**：A

试题解析　如果该管理员用户账号被禁用或删除，则该用户通过各种登录方式都无法管理路由器。

（51）**参考答案**：C

◆**试题解析** MRU（Maximum Receive Unit）用于通知对端所能够接收的最大报文长度；ACCM（Async-Control-Character-Map）用于在异步链路上通知对端哪些字符被本端用于控制；Magic Number 用于协商双方的魔术字，两端魔术字不能重复，可用于检测链路的环回情况；ACFC（Address and Control Field Compression）用于协商 PPP 报文的地址、控制域是否可被压缩。

（52）**参考答案**：B

◆**试题解析** RIPv2 属于无类协议，支持可变长子网掩码（VLSM，Variable Length Subnet Mask）。

（53）**参考答案**：B

◆**试题解析** 区域边界路由器（Area Border Router，ABR）和自治系统边界路由器（Autonomous System Border Router，ASBR）上都可以配置路由聚合，但有一定区别。在 ABR 上配置路由聚合，本 Area 的链路状态广播（Link State Advertisement，LSA）由 ABR 产生（即三类 LSA）；在 ASBR 上配置路由聚合，本自治系统（Autonomous System，AS）的 LSA 由 ASBR 产生（即五类 LSA）。

（54）**参考答案**：D

◆**试题解析** 用户组默认权限由高到低的顺序是 System、Administrators、Power Users、Users、everyone。

（55）**参考答案**：D

◆**试题解析** Linux 操作系统中的每个用户在/etc/passwd 文件中都有一行对应的记录，但为了安全，用户口令并不包含在其中，而是包含在/etc/shadow 文件中。/etc/group 是管理用户组的基本文件。

（56）**参考答案**：D

◆**试题解析** 以太网无源光网络（Ethernet Passive Optical Network，EPON）可以利用光网络单元（Optical Network Unit，ONU）端外环回测试定位光线路终端（Optical Line Terminal，OLT）到 ONU 段的故障。

（57）**参考答案**：C

◆**试题解析** 单模光纤常用于远距离传输，多模光纤多用于短距离传输。

（58）**参考答案**：A

◆**试题解析** 光纤通道定义了一系列不同类别的端口。N_PORT 用于发送端与接收端之间直连，是 FC 通信的终点，例如一个 HBA（Host Bus Adapter）卡的光纤端口就是一个 N_PORT。F_PORT 指交换机的端口，属于两个 N_Ports 连接的"中间点"。NL_PORT 即支持仲裁环路 N_PORT。FL_PORT 即支持仲裁环路的 F_PORT。E_PORT 指光纤扩展端口，用于在多路交换光纤环境，通常指一个交换机上连接到光纤网络另一个交换机的端口。

（59）**参考答案**：C

◆**试题解析** 见第（58）题的试题解析。

（60）**参考答案**：B

◆**试题解析** 非易失性随机访问存储器（Non-Volatile Random Access Memory，NVRAM）是指断电后仍能保持数据的一种 RAM，企业级路由器的初始配置文件通常保存在 NVRAM 上。

(61) **参考答案**：D

试题解析 RAID1 的方式是磁盘镜像，可并行读数据，由于在不同的两块磁盘写入相同数据，写入数据比 RAID0 慢，安全性最好但空间利用率为 50%，利用率最低。实现 RAID1 至少需要两块硬盘。

(62) **参考答案**：B

试题解析 IEEE 802.11a 工作在 5.150～5.350GHz、5.725～5.850GHz 两个频段；IEEE 802.11n 兼容 802.11a。

(63) **参考答案**：C

试题解析 从发射机到接收机传播路径上，有直射波和反射波，在直射波周围的椭球形区域（在无线系统规划时主要考虑直射线下方部分）叫作菲涅尔区，该区域中的障碍物对无线通信效果有影响，因此在覆盖设计时需考虑。

(64)(65) **参考答案**：A B

试题解析 Temp(C)为当前温度，Minor 为轻微告警最低值，Major 为严重告警最低值，Fatal 为致命告警值，当前温度达到或者超过 Fatal 值时，可能会引起设备工作异常或损坏。如果 Temp(C) 值低于 Minor 值，则该单板温度正常。如果单板温度超过温度传感器告警温度值，可按如下步骤处理：①首先判断风扇是否发生故障；②查看防尘网是否堵塞；③查看机房环境温度是否过高；④如果以上故障情况均排除，则为芯片温度过高，需联系华为的技术支持。

(66) **参考答案**：D

试题解析 默认华为路由器的优先级为：DIRECT 0，OSPF 10，IS-IS 15，STATIC 60，RIP 100，OSPF ASE 150。

(67) **参考答案**：D

试题解析 勒索病毒只会对计算机本身造成文件加密，数据丢失；运营商互联网接入故障不会影响局域网传输速度。

(68) **参考答案**：B

试题解析 干线光缆传输信号都是成对（2芯）的，完成信号的收发，一个发信号，一个接收信号。如果 1 芯光纤断了，网络会不通，而不是掉包严重。多模光缆有效传输距离一般为几百米到上千米之间，所以这一般不会造成设备间子系统与楼层配线间之间的丢包。水晶头接触不良往往只会影响一个信息点的丢包率，而不会影响到一个面。

光纤熔接不合格，会造成光衰大，这种情况有可能造成设备间子系统到楼层配线间网络出现严重丢包的问题。

(69) **参考答案**：B

试题解析 loopback-detect recovery-time 命令的作用是配置环回消失后接口的恢复时间为 30s；loopback-detect enable 的作用是开启端口环回监测功能；loopback-detect action shutdown 的作用是当检测到环路时关闭该端口。交换机 SwitchB 的各接口均插入网线后，可能形成了环路，触发环路关闭端口功能，所以 GE 1/0/3 接口会处于 down 状态；拔掉网线后，环路消失，触发环回消失恢复功能，GE 1/0/3 接口 30s 后恢复到 up 状态。

(70) **参考答案**：C

🔊**试题解析**　出现"The state of VRRP changed from master to other state"信息，意思是说在CoreA所在的VRRP组中，CoreA由Master状态切换到了其他状态。可见，CoreA本身是处在Master状态，如果是CoreB发生故障，不可能让CoreA的Master状态发生改变。

（71）（72）（73）（74）（75）**参考答案**：B　A　D　C　A

🔊**试题翻译**　Secure Shell（SSH）是一种加密网络协议，用于在<u>不安全的</u>网络上提供安全的加密服务。其典型的应用包括远程命令行、登录和远程命令执行，其实任何网络服务都可以使用SSH进行保护。该协议在工作在<u>C/S</u>模式，这意味着连接是在SSH客户机和SSH服务器之间来建立。SSH客户机驱动连接设置过程，并使用公钥加密来验证SSH服务器的<u>身份</u>。在建立连接之后SSH协议使用强<u>对</u>称加密和哈希算法来确保在客户机和服务器之间数据交换的保密性和完整性。有几个选项可用于用户身份验证，最常见的是密码和<u>公钥</u>认证。

（71）A．加密的　　　　B．不安全的　　　C．授权的　　　D．未授权的
（72）A．客户端/服务器　B．浏览器/服务器　C．点对点　　　D．分布式
（73）A．能力　　　　　B．服务　　　　　C．应用　　　　D．身份
（74）A．动态的　　　　B．随机的　　　　C．对称的　　　D．不对称的
（75）A．公共的　　　　B．私有的　　　　C．静态的　　　D．动态的

网络规划设计师机考试卷 第 3 套
案例分析卷参考答案与试题解析

试题一

本题涉及思科设备型号，现已非考试范围，解析略。

【问题 1】
（1）C　　　　　　（2）汇聚交换机　　　　（3）D
（4）核心路由器　　（5）E　　　　　　　　（6）边界防火墙

【问题 2】
1. 链路聚合或捆绑；2G（或答 20G 也正确）
2. 堆叠；扩大接入规模，简化网络管理

【问题 3】
DDN：利用数字信道提供永久性连接电路，用来传输数据信号的数字传输网络。
Frame Relay（帧中继）：一种数据包交换技术，可以动态共享网络介质和可用带宽。
ISDN：一个数字电话网络标准，是一种典型的电路交换网络系统。

【问题 4】
（7）B；总部 IP 地址

试题二

【问题 1】参考答案
（1）负载均衡　　（2）链路聚合或者 STP　　（3）FC 交换机　　（4）Zone

试题解析　　从题目所说的实现链路和业务负载（均衡）以及提高线路和业务的可用性，可以知道①处应该部署的设备是一个负载均衡设备。

核心交换机 A 和核心交换机 B 通过虚拟化技术如智能弹性框架（Intelligent Resilient Framework，IRF），被虚拟化为一台设备，从而实现负载在 A、B 之间的自动分配。SwitchA 上联两台核心交换机，可以配置链路聚合或者 STP（Spanning Tree Protocol），实现题目要求的链路冗余。当然，做链路聚合则两条上联链路都能利用上，能实现链路的负载均衡，比 STP 更为合适。故在②处可以部署链路聚合式 STP。

从题目中关键字"HBA 卡"，可知③处的设备应是 FC 交换机。题目要求"各服务器通过 SAN（Storage Area Network）存储网络与存储系统连接"，而华为配置 FC-SAN 使用的是 Zone。Zone 的概念类似于局域网中的 VLAN。

【问题 2】参考答案
（1）支持 IPSec VPN 的防火墙。

（2）500

（3）尽量减少备份数据的大小，以保证在有限带宽下获得较好的备份效率。

（4）增量备份仅备份自上一次备份（包含完全备份、差异备份、增量备份）之后有变化的数据。差异备份仅备份自上次完全备份以来所有发生变化的数据。

试题解析　因为要实现其 IPSec 的 VPN 隧道，因此可以用的设备通常是路由器或者防火墙，而此处要保障关键数据的安全，结合上下文可以知道④处应该使用支持 IPSec VPN 的防火墙。

IPSec 中，要建立隧道并且使用 NAT 等功能，必须要开放的端口有 500 和 4500。其中 500 是 ISAKMP（Internet Security Association and Key Management Protocol）端口号，4500 是 UDP-encapsulated ESP and IKE 端口号，如果网络中禁用了 500，IPSec 请求会被拦截，发不出去，无法建立隧道。

在有限的带宽下，数据的传输能力有限，要想提高这种情况下的备份效率，只有尽可能降低备份数据量的大小，因此选择合适的备份方式是非常重要的。

增量备份仅备份自上一次备份（包含完全备份、差异备份、增量备份）之后有变化的数据。差异备份仅备份自上次完全备份以来所有发生变化的数据。

【问题 3】参考答案

集中式存储成本相对较低，扩容能力有限，限制于存储的架构磁盘的 IOPS 通常不高，冗余方式主要依赖 raid 系统，稳定性相对较差。

分布式存储需要额外的设备投入，成本较高，但是拥有非常强的扩容能力，数据分布存放于更多的磁盘上，系统总的 IOPS 有很大的提升，冗余方式多样，稳定性高。

【问题 4】参考答案

数据中心在选址方面的条件和要求如下：①电力供给应充足可靠，通信应快速畅通，交通应安全便捷；②采用水蒸发冷却方式制冷的数据中心，水源应充足；③自然环境应清洁，环境温度应有利于节约能源；④应远离产生粉尘、油烟、有害气体以及生产或储存具有腐蚀性、易燃、易爆物品的场所；⑤应远离水灾、地震等自然灾害隐患区域；⑥应远离强振源和强噪声源；⑦应避开强电磁场干扰；⑧A 级数据中心不宜建在公共停车库的正上方；⑨大中型数据中心不宜建在住宅小区和商业区内。

试题解析　本题主要考查数据中心建设的规范标准。参考答案中给出的 9 条内容，任意写出 3 条即可。

试题三

【问题 1】参考答案

（1）设备维护管理

（2）安全事件处置

（3）网络和系统安全管理

（4）漏洞和风险管理

试题解析：本题相对比较简单，根据题目描述基本上可以直接对应到相应的管理范围。

【问题 2】参考答案

案例二中的网络系统存在的安全隐患有：①单位没有安装邮件安全扫描系统或者反垃圾邮件系

统；②用户防范安全意识不强；③单位没有设定严格的网络安全管理条例；④用户端没有安装杀毒软件；⑤单位没有入侵检测和漏洞扫描等网络安全防护设备；⑥用户没有修改默认密码。

试题解析 根据题干中描述的后果，找出其原因即可得出答案。

【问题3】参考答案

1．APT攻击的特点：①持续时间长；②隐蔽性高；③组织严密；④间接攻击。
2．APT攻击的步骤：①情报收集；②防线突破；③通道建立；④横向渗透；⑤信息收集及外传。

试题解析 APT是Advanced（高级）、Persistent（持续）、Threat（威胁）3个单词的缩写，意为高级的、持续的威胁。其名字中就包含了其主要的特点。APT攻击大体上可以分为3个阶段：攻击前的准备阶段、攻击阶段、持续攻击阶段。APT又可细分为五步进行攻击：情报收集、防线突破、通道建立、横向渗透、信息收集及外传。具体如下图所示。

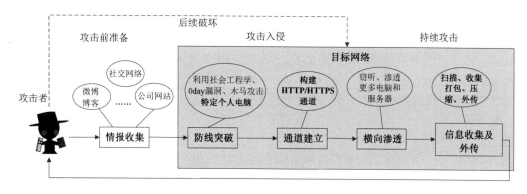

【问题4】参考答案

从管理层面来说，应该通过以下3个方面加强安全防范，分别是：①培训员工的安全防范意识；②加强安全防范技术；③规范安全管理制度。

网络规划设计师机考试卷　第 3 套
论文参考范文

摘要：

2021 年，我主导了所任职集团全国范围内的智慧校园 WLAN 网络建设工作，担任网络架构师的角色，承担了项目招投标、项目管理、网络规划、网络交付、售后运维等一系列的工作。该项目主要面向全国 ToB 行业美术教育培训机构，为集团产品智慧校园 App 搭建软件运营、美术教学所需的无线网络环境。项目需要重点解决的问题是分布不均的 500+个局域网如何通过 Internet 互联、如何运行和维护数以万计的网络设备。在 VPN 技术选型上，我采用了 IPSec VPN 作为无线网络 CAPWAP 协议的数据承载隧道，做到了 Zabbix（开源网管软件）实时监控支持 SNMP 协议的路由交换设备；采用 SSL VPN 技术，实现了自由访问 IDC 机房核心设备的需求。这两项 VPN 技术分别实现了本次项目所需的业务层面和控制层面的通信目的，为项目稳步发展、产品成功推广奠定了安全、高效的基石。

正文：

2021 年初，为了促进集团智慧校园 App 产品的推广和使用，并解决跨广域网和 ISP 线路带来的网络体验感差的问题，集团总裁办决议在全国范围内开展智慧校园 WLAN 网络建设和 VPN 互联架构项目。本次项目中，我担当网络架构师的角色，负责整个项目的方案设计、网络规划、技术选型、资源调度以及技术标书的编写等工作，本项目由项目经理、网络架构师、交付网络工程师和十多家合作单位共同完成。项目从 2021 年 3 月开始，耗时 10 个月左右，耗费的资金量约为 800 万元，其中批量采购的知名网络设备成本在 300 万元左右。最后，终于在我和大家的协作努力下，项目成功上线并稳定运作。

本次项目采用了国内教育行业知名 IT 品牌，锐捷网络 EG 系列、云桌面、N18000K 牛顿系列核心交换机、S2910 三层 POE 交换机、RG-AP720L 等，设备数量超过 20000 台。项目组成功组建了 500 个 WLAN 网络，这些网络每天都需要与总部 IDC 机房同步 capwap 协议数据、监控信息上报、变更配置下发。VPN 技术主要分为：工作于数据链路层的 PPTP 和 L2TP、基于 IP 网络层的 IPSec VPN、远程接入型的 SSL VPN。PPTP 是一种点到点隧道协议，但由于安全机制和鉴权不够完善，所以安全系数并不高；L2TP 技术结合了 PPTP 协议及 L2F 协议优点，以隧道方式使 PPP 包支持各种网络协议；随着 VPN 技术的发展和企业对于网络安全的重视，基于 UDP 500 和 4500 端口的 IPSec VPN 技术得到了广泛利用，采用了 IKE 密码交换协议、AH 和 ESP 协议，支持的加密算法包含 DES、3DES、AES 和 MD5 摘要算法、Sha 单向散列函数，较为完善的为企业网络构建了安全高效的私有通信隧道；SSL VPN 采用了 SSL 协议来实现远程接入，保证数据的安全，具有部署简单、成本低、安全性能高等特点。如今的企业网络中，IPSec VPN 和 SSL VPN 越来越被企业网络管理者所采纳，成为了主流的 VPN 技术。在定义通信协议规范阶段，我选用了 IPSec VPN 和 SSL VPN 作为本项目使用的主要 VPN 技术，结合策略路由实现了多个不同业务数据流的安全隔离和私网互通。

集团通过不断的业务拓展和市场推广，已经发展了 1000 多个分支 Site 网络，这些 Site 都需要和总部 IDC 机房核心设备通信和同步配置。分支 Site 站点采用了 RG-EG2000SE 和 RG-EG2000GE 下一代安全网关作为网络出口安全路由器，每个 Site 有 10～200 个数量不等的无线 AP，提供 WLAN 网络的终端接入和访问 Internet；集团总部的核心设备部署在某省联通公司的 IDC 机房，主要的设备为 RG-EG3000UE 高性能网关产品、RG-WS18000 无线 AC 控制器及插卡式核心交换机、Dell 刀片式服务器，并部署了开源监控系统 Zabbix 及锐捷 SMP 网关软件。在项目启动阶段，我作为架构师需要为每个 Site 网络做 VLAN 地址规划，分别规划了交换管理 VLAN、无线 AP 管理 VLAN、不同类型的无线用户 VLAN，共约 10 个 VLAN 用做隔离广播域和冲突域。之后，为了项目交付的高效性和统一性，为每个 Site 设备做配置文档模板，统一下发给现场网络工程师。现场负责交付的网络工程师按照我编写的配置模板调试网关和交换设备，现场验收的标准为：AP 成功上线、连通性测试、信号干扰检查等。

项目设备成功接入 Internet 后，我负责为每个 Site 和总部做 IPSec VPN 的配置工作，其步骤为：首先需要获取总部网关的公网 IP、IKE 预共享密钥、ESP 加密算法/AH 转换集，第一阶段称为 ISAKMP/IKE 的管理连接阶段。使用双向的 UDP 端口 500 建立数据连接，来共享 IPSec 消息，分为 main 模式和野蛮模式；第二阶段，协商 IPSec SA 使用的安全参数，创建 IPSec SA，使用 AH 或 ESP 来加密 IP 数据流，支持的加密算法有 DES、3DES、AES 等，验证算法；支持 MD5 摘要算法和 Sha 散列函数。这两个阶段的协商参数匹配一致后，Site To Site 的 IPSec VPN 便成功建立，通过 ping 命令可以测试配置的 IPSec 感兴趣流网段的连通性。IPSec VPN 搭建成功后，通过在 AP 的 DHCP 配置 option 选项指定 AC 的 IP 地址，无线 AP 便可以通过无线通信协议 CAPWAP 发现 AC，并成功拿到 AC 上配置的 SSID、密码、Channel、功率相关的配置参数，最后 AP 可正常广播无线 SSID 信号，为无线终端提供访问 Internet 的接入服务。

本次项目交付完成后，面临的首要问题就是设备的监控和运维体系的搭建：面对全国数以万计的网络设备，如何搭建一个实时流量监测和故障报告平台、如何在出现故障时方便、高效地定位问题和远程排障。在成功搭建了 IPSec VPN 的基础上，我基于 IPSec 隧道模式的感兴趣流，新增了设备管理 VLAN 作为加密数据流，保证了网络设备和 Zabbix 服务器实现三层网络可达。一方面，通过在网络设备上开启 SNMP 协议、SNMP 服务器地址及配置相关字段，实现 Zabbix 服务器实时展现所用网络设备实时接口流量，并成功实现了告警事件推送邮箱和微信公众号告警等功能，这对于定位问题和查询带宽占用率都提供了很大的便利。另一方面，由于核心 IDC 机房的安全性更高，更多的面向网络运维人员的终端用户，我使用了 SSL VPN 作为远程登录核心设备的协议支持，通过在锐捷 RG-EG3000UE 上开启 SSL VPN 协议，并配置认证登录的用户名和密码及需要访问的网络资源的相关设置后，便可以通过 SSL VPN 客户端软件实现端到端的远程接入，登录方式包括 SSH 和 Web 访问，这对于工作后期的配置变更和同步以及故障诊断，提供了强大的便利性和易用性。

本次项目所采用的 IPSec VPN 和 SSL VPN 在逻辑网络和物理网络设计阶段、交付实施、售后运维和保障阶段取得了相当不错的效果。第一，使用 IPSec VPN 技术，不仅解决了 AP 与 AC 的

CAPWAP 协议基于 IP 层的通信支持和内网互访需求，在两年的运行阶段，AP 配置变更、信道功率优化、SSID 密码修改，保证了配置下发的实时性和高效性，同时提高了分支 Site 网络稳定性和改善用户网络体验；第二，IPSec VPN 基于隧道模式的感兴趣流设置，更加灵活地实现了分支设备网段和监控服务器所在网段的子网与子网之间的访问，保证了设备节点实时上报数据给到 Zabbix 服务端，提高了售后团队的运维能力和保证了 SLA；第三，在控制层面，所采用的 SSL VPN，无论用户是处在办公环境中还是在出差期间，都可以无时无刻地通过软件客户端拨入 IDC 内网环境中，实现设备配置变更和核心配置备份操作，更为客户的报障提供了快速的响应和支持渠道。当然，也会面临一些问题：比如跨 ISP 线路带来的隧道不稳定、核心设备单点故障、配置误操作等。针对这些问题，我采取了如下的优化手段：①IDC 机房公网 IP 更换为 BGP 专线，改善了 IPSec VPN 的隧道质量；②向公司采购部门申请额外的冗余设备，在网关上使用 VRRP 虚拟路由冗余协议、核心交换机采用 VSU（锐捷私有虚拟化技术），提高了设备和链路的冗余度，实现了高可用性；③定期通过 log server 脚本，自动备份设备配置。

通过智慧校园 WLAN 无线网络项目的规划、设计和 VPN 技术的运用，该项目取得了阶段性的进展。在短短的半年时间，合作的美育培训机构从 500 家发展到 1000 家，实现了 99.5%的网络可用性 SLA 及低于 0.2%的故障率，这种快速交付和完善的运维体系得到了集团总裁的充分认可和客户的赞誉。但仍然有一些不足，比如实施标准不够规范、验收文档不够严谨、网络技术人员水平参差不齐等。在今后的工作中，我将严格规范网络施工质量和技术人员的调试规范、对技术人员进行不定期的培训、搭建网络知识系统和知识库，为规划和设计更加完善的网络不懈努力！

网络规划设计师机考试卷 第4套
综合知识卷

- 关于 HDLC 协议，下列说法错误的是__(1)__。HDLC 协议是一种__(2)__。
  - (1) A. I 帧是承载用户数据的信息帧 B. S 帧可进行流量控制
       C. S 帧不能进行差错控制   D. U 帧是用于链路控制的无编号帧
  - (2) A. 面向比特的同步链路控制协议 B. 面向字节计数的同步链路控制协议
       C. 面向字符的同步链路控制协议 D. 异步链路控制协议

- 下图中 7 位差分曼彻斯特编码的信号波形表示的数据是__(3)__。

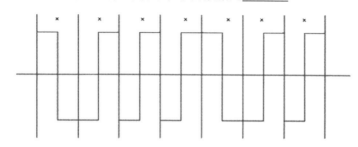

  - (3) A. 0011001   B. 0100110   C. 1000100   D. 0111011

- 以下关于 4B/5B 的说法，错误的是__(4)__。
  - (4) A. 100BASE-FX 采用的编码技术为 4B/5B
       B. 4B/5B 是一种两级编码方案
       C. 4B/5B 首先把 5 位分为一组的代码变成 4 单位的代码
       D. 4B/5B 的编码效率为 0.8

- 在异步通信中，每个字符包含 1 位起始位、7 位数据位、1 位奇偶位和 2 位终止位，每秒钟传送 100 个字符，采用 QPSK 调制，则码元速率为__(5)__波特。
  - (5) A. 500   B. 550   C. 1100   D. 2200

- 在 ADSL 接入网中通常采用离散多音调(DMT)技术，以下关于 DMT 的叙述中,正确的是__(6)__。
  - (6) A. DMT 采用频分多路技术将电话信道、上行信道和下行信道分离
       B. DMT 可以把一条电话线路划分成 256 个子信道，每个带宽为 8kHz
       C. DMT 目的是依据子信道质量分配传输数据，优化传输性能
       D. DMT 可以分离拨出与拨入的信号，使得上下行信道共用频率

- 按照同步光纤网传输标准（SONET）OC3 的数据速率为__(7)__Mb/s。
  - (7) A. 150.336   B. 155.520   C. 622.080   D. 2488.320

- 光纤传输测试指标中，回波损耗是指__(8)__。
  - （8）A．传输数据时线对间信号的相互泄漏
    - B．传输距离引起的发射端的能量与接收端的能量差
    - C．光信号通过活动连接器之后功率的减少
    - D．信号反射引起的衰减
- 以 100Mb/s 以太网连接的站点 A 和 B 相隔 2000m，通过停等机制进行数据传输，传播速率为 200m/μs，最高的有效传输速率为__(9)__Mb/s。
  - （9）A．80.8　　　　　　B．82.9　　　　　　C．90.1　　　　　　D．92.3
- 以下关于区块链应用系统中"挖矿"行为的描述中，错误的是__(10)__。
  - （10）A．矿工"挖矿"取得区块链的记账权，同时获得代币奖励
    - B．挖矿本质上是在尝试计算一个 Hash 碰撞
    - C．挖矿是一种工作量证明机制
    - D．可以防止比特币的双花攻击
- 以下关于软件开发过程中增量模型优点的叙述中，不正确的是__(11)__。
  - （11）A．强调开发阶段性早期计划
    - B．第一个可交付版本所需要的时间少和成本低
    - C．开发由增量表示的小系统所承担的风险小
    - D．系统管理成本低、效率高、配置简单
- 在 Python 语言中，__(12)__是一种可变的、有序的序列结构，其中元素可以重复。
  - （12）A．元组（tuple）　　B．字符串（str）　　C．列表（list）　　D．集合（set）
- 在一个分布式软件系统中，一个构件失去了与另一个远程构件的连接。在系统修复后，连接于 30s 之内恢复，系统可以重新正常工作直到其他故障发生。这一描述体现了软件系统的__(13)__。
  - （13）A．安全性　　　　B．可用性　　　　C．兼容性　　　　D．性能
- 在三层 C/S 软件架构中，__(14)__是应用的用户接口部分，负责与应用逻辑间的对话功能；__(15)__是应用的本体，负责具体的业务处理逻辑。
  - （14）A．表示层　　　　B．感知层　　　　C．设备层　　　　D．业务逻辑层
  - （15）A．数据层　　　　B．分发层　　　　C．功能层　　　　D．算法层
- 一个大型软件系统的需求总是有变化的。为了降低项目开发的风险，需要一个好的变更控制过程。下图所示的需求变更管理过程中，①②③处对应的内容应是__(16)__；自动化工具能够帮助变更控制过程更有效地运作，__(17)__是这类工具应具有的特性之一。

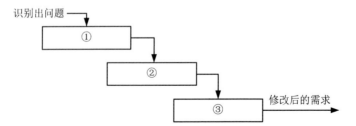

（16）A．问题分析与变更描述、变更分析与成本计算、变更实现

　　　B．变更描述与变更分析、成本计算、变更实现

　　　C．问题分析与变更分析、变更分析、变更实现

　　　D．变更描述、变更分析、变更实现

（17）A．自动维护系统的不同版本　　　B．支持系统文档的自动更新

　　　C．自动判定变更是否能够实施　　D．记录每一个状态变更的日期和做出这一变更的人

● 用例（use case）用来描述系统对事件做出响应时所采取的行动。用例之间是具有相关性的。在一个会员管理系统中，会员注册时可以采用电话和邮件两种方式。用例"会员注册"和"电话注册""邮件注册"之间是__(18)__关系。

　　（18）A．包含（include）　　　　　　B．扩展（extend）

　　　　　C．泛化（generalization）　　　　D．依赖（depends on）

● RUP 强调采用__(19)__的方式来开发软件，这样做的好处是__(20)__。

　　（19）A．原型和螺旋　　B．螺旋和增量　　C．迭代和增量　　D．快速和迭代

　　（20）A．在软件开发的早期就可以对关键的、影响大的风险进行处理

　　　　　B．可以避免需求的变更

　　　　　C．能够非常快速地实现系统的所有需求

　　　　　D．能够更好地控制软件的质量

● 若要获取某个域的授权域名服务器的地址，应查询该域的__(21)__记录。

　　（21）A．CNAME　　　B．MX　　　　C．NS　　　　D．A

● 以下关于 DHCP 服务器租约的说法中，正确的是__(22)__。

　　（22）A．当租约期过了 50%时，客户端更新租约期

　　　　　B．当租约期过了 80%时，客户端更新租约期

　　　　　C．当租约期过了 87.5%时，客户端更新租约期

　　　　　D．当租约期到期后，客户端更新租约期

● 当 TCP 一端发起连接建立请求后，若没有收到对方的应答，状态的跳变为__(23)__。

　　（23）A．SYN SENT→CLOSED　　　　B．TIME WAIT→CLOSED

　　　　　C．SYN SENT→LISTEN　　　　D．ESTABLISHED→FIN WAIT

● IPv4 报文的最大长度为__(24)__字节。

　　（24）A．1500　　　B．1518　　　C．10000　　　D．65535

● 若 TCP 最大段长为 1000 字节，在建立连接后慢启动第 1 轮次发送了 1 个段并收到了应答，应答报文中 Window 字段为 5000 字节，此时还能发送__(25)__字节。

　　（25）A．1000　　　B．2000　　　C．3000　　　D．5000

● 下列 DHCP 报文中，由客户端发送给 DHCP 服务器的是__(26)__。

　　（26）A．DHCPDECLINE　　B．DHCPOFFER　　C．DHCPACK　　D．DHCPNACK

● 使用 ping 命令连接目的主机，收到连接不通报文。此时 ping 命令使用的是 ICMP 的__(27)__报文。

　　（27）A．IP 参数问题　　B．回声请求与响应　　C．目的主机不可达　　D．目的网络不可达

- IP 数据报的分段和重装配要用到报文头部的标识符、数据长度、段偏置值和 M 标志 4 个字段，其中 (28) 的作用是指示每一分段在原报文中的位置，(29) 字段的作用是表明是否还有后续分组。

    (28) A．段偏置值　　　　B．M 标志　　　　C．D 标志　　　　D．头校验和
    (29) A．段偏置值　　　　B．M 标志　　　　C．D 标志　　　　D．头校验和

- 使用 RAID5，3 块 300GB 的磁盘获得的存储容量为 (30)。

    (30) A．300GB　　　　B．450GB　　　　C．600GB　　　　D．900GB

- 默认网关地址是 61.115.15.33/28，下列选项中属于该子网主机地址的是 (31)。

    (31) A．61.115.15.32　　B．61.115.15.40　　C．61.115.15.47　　D．61.115.15.55

- 家用无线路由器同城开启 DHCP 服务，可使用的地址池为 (32)。

    (32) A．192.168.0.1～192.168.0.128　　　　B．169.254.0.1～169.254.0.255
    　　C．127.0.0.1～127.0.0.128　　　　　　D．224.115.5.1～224.115.5.128

- 某公司的网络地址为 10.10.1.0，每个子网最多 1000 台主机，则适用的子网掩码是 (33)。

    (33) A．255.255.252.0　　B．255.255.254.0　　C．255.255.255.0　　D．255.255.255.128

- 下列地址中，既可作为源地址又可作为目的地址的是 (34)。

    (34) A．0.0.0.0　　　B．127.0.0.1　　　C．10.255.255.255　　　D．202.117.115.255

- 在 IPv6 首部中有一个 "下一头部" 字段，若 IPv6 分组没有扩展首部，则其 "下一头部" 字段中的值为 (35)。

    (35) A．TCP 或 UDP　　B．IPv6　　C．逐跳选项首部　　D．空

- ICMP 的协议数据单元封装在 (36) 中传送；RIP 路由协议数据单元封装在 (37) 中传送。

    (36) A．以太帧　　　B．IP 数据报　　　C．TCP 段　　　D．UDP 段
    (37) A．以太帧　　　B．IP 数据报　　　C．TCP 段　　　D．UDP 段

- 以太网的最大帧长为 1518 字节，每个数据帧前面有 8 个字节的前导字段，帧间隙为 9.6μs。若采用 TCP/IP 网络传输 14600 字节的应用层数据，采用 100BASE-TX 网络，需要的最短时间为 (38)。

    (38) A．1.32ms　　　B．13.2ms　　　C．2.63ms　　　D．26.3ms

- 在 IPv6 定义了多种单播地址，表示环回地址的是 (39)。

    (39) A．::/128　　　B．::1/128　　　C．FE80::/10　　　D．FD00::/8

- VoIP 通信采用的实时传输技术是 (40)。

    (40) A．RTP　　　B．RSVP　　　C．G729/G723　　　D．H323

- 下列安全协议中属于应用层安全协议的是 (41)。

    (41) A．IPSec　　　B．L2TP　　　C．PAP　　　D．HTTPS

- 用户 A 在 CA 申请了自己的数字证书 I，在下面的描述中正确的是 (42)。

    (42) A．证书中包含 A 的私钥　其他用户可使用 CA 的公钥验证证书真伪
    　　 B．证书中包含 CA 的公钥，其他用户可使用 A 的公钥验证证书真伪
    　　 C．证书中包含 A 的私钥，其他用户可使用 A 的公钥验证证书真伪
    　　 D．证书中包含 A 的公钥，其他用户可使用 CA 的公钥验证证书真伪

- 数字签名首先要生成消息摘要,采用的算法为__(43)__,摘要长度为__(44)__位。
  - (43) A. DES   B. 3DES   C. MD5   D. RSA
  - (44) A. 56   B. 128   C. 140   D. 160
- 下列关于第三方认证服务的说法中,正确的是__(45)__。
  - (45) A. Kerberos 认证服务中保存数字证书的服务器叫 CA
         B. Kerberos 和 PKI 是第三方认证服务的两种体制
         C. Kerberos 认证服务中用户首先向 CA 申请初始票据
         D. Kerberos 的中文全称是"公钥基础设施"
- SSL 的子协议主要有记录协议、__(46)__,其中__(47)__用于产生会话状态的密码参数、协商加密算法及密钥等。
  - (46) A. AH 协议和 ESP 协议   B. AH 协议和握手协议
         C. 告警协议和握手协议   D. 告警协议和 ESP 协议
  - (47) A. AH 协议   B. 握手协议   C. 告警协议   D. ESP 协议
- 提高网络的可用性可以采取的措施是__(48)__。
  - (48) A. 数据冗余   B. 链路冗余   C. 软件冗余   D. 电路冗余
- 路由器收到一个 IP 数据报,在对其首部校验后发现存在错误,该路由器有可能采取的动作是__(49)__。
  - (49) A. 纠正该数据报错误   B. 转发该数据报
         C. 丢弃该数据报   D. 通知目的主机数据报出错
- 某 Web 网站使用 SSL 协议,该网站域名是 www.abc.edu.cn,用户访问该网站使用的 URL 是__(50)__。
  - (50) A. http://www.abc.edu.cn   B. https://www.abc.edu.cn
         C. rtsp://www.abc.edu.cn   D. mns://www.abc.cdu.cn
- 下列选项中,不属于五阶段网络开发过程的是__(51)__。
  - (51) A. 通信规范分析   B. 物理网络规划
         C. 安装和维护   D. 监测及性能优化
- 网络需求分析是网络开发过程的起始阶段,收集用户需求最常用的方式不包括__(52)__。
  - (52) A. 观察和问卷调查   B. 开发人员头脑风暴
         C. 集中访谈   D. 采访关键人物
- 可用性是网络管理中的一项重要指标。假定一个双链路并联系统,每条链路可用性均为 0.9;主机业务的峰值时段占整个工作时间的 60%,一条链路只能处理总业务量的 80%,需要两条链路同时工作方能处理全部请求;非峰值时段约占整个工作时间的 40%,只需一条链路工作即可处理全部业务。整个系统的平均可用性为__(53)__。
  - (53) A. 0.8962   B. 0.9431   C. 0.9684   D. 0.9861
- 为了保证网络拓扑结构的可靠性,某单位构建了一个双核心局域网络,网络结构如下图所示。对于单核心和双核心局域网络结构,下列描述中错误的是__(54)__;双核心局域网网络结构通过设置双重核心交换机来满足网络的可靠性需求,冗余设计避免了单点失效导致的应用失效,以下关于双核心局域网网络结构的描述中错误的是__(55)__。

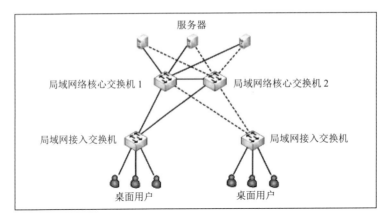

(54) A. 单核心局域网络核心交换机单点故障容易导致整网失效
B. 双核心局域网络在路由层面可以实现无缝热切换
C. 单核心局域网网络结构中桌面用户访问服务器效率更高
D. 双核心局域网网络结构中桌面用户访问服务器可靠性更高

(55) A. 双链路能力相同时，在核心交换机上可以运行负载均衡协议均衡流量
B. 双链路能力不同时，在核心交换机上可以运行策略路由机制分担流量
C. 负载分担通过并行链路提供流量分担提高了网络的性能
D. 负载分担通过并行链路提供流量分担提高了服务器的性能

● 某高校拟全面进行无线校园建设，要求实现室内外无线网络全覆盖，可以通过无线网访问所有校内资源，非本校师生不允许自由接入。
在室外无线网络建设的过程中，宜采用的供电方式是__(56)__；本校师生接入无线网络的设备 IP 分配方式宜采用__(57)__；对无线接入用户进行身份认证，只允许在学校备案过的设备接入无线网络，宜采用的认证方式是__(58)__。

(56) A. 太阳能供电　　　　　　　　　B. 地下埋设专用供电电缆
C. 高空架设专用供电电缆　　　　D. 以 POE 方式供电

(57) A. DHCP 自动分配　B. DHCP 动态分配　C. DHCP 手动分配　D. 设置静态 IP

(58) A. 通过 MAC 地址认证　　　　　B. 通过 IP 地址认证
C. 通过用户名与密码认证　　　D. 通过用户物理位置认证

● 在五阶段网络开发工程中，网络技术选型和网络可扩充性能的确定是在__(59)__阶段。
(59) A. 需求分析　　B. 逻辑网络设计　C. 物理网络设计　D. 通信规范设计

● 按照 IEEE 802.3 标准，以太帧的最大传输效率为__(60)__。
(60) A. 50%　　　　B. 87.5%　　　　C. 90.5%　　　　D. 98.8%

● 光纤本身的缺陷，如制作工艺和石英玻璃材料的不均匀造成信号在光纤中传输时产生__(61)__现象。
(61) A. 瑞利散射　　B. 菲涅尔反射　　C. 噪声放大　　D. 波长波动

- 以下关于 CMIP（公共管理信息协议）的描述中，正确的是__(62)__。
  - （62）A．由 IETF 制定　　　　　　　　B．针对 TCP/IP 环境
  　　　C．结构简单、易于实现　　　　　D．采用报告机制
- 下列测试指标中，属于光纤指标的是__(63)__，设备__(64)__可在光纤的一端测得光纤传输上的损耗。
  - （63）A．波长窗口参数　　　　　　　B．线对间传播时延差
  　　　C．回波损耗　　　　　　　　　D．近端串扰
  - （64）A．光功率计　　　　　　　　　B．稳定光源
  　　　C．电磁辐射测试笔　　　　　　D．光时域反射仪
- 在交换机上通过__(65)__查看到下图所示信息，其中 State 字段的含义是__(66)__。

```
Run Method      : VIRTUAL-MAC
Virtual Ip Ping : Disable
Interface       : Vlan-interface1
VRID            : 1                Adver. Timer    : 1
Admin Status    : UP               State           : Master
Config Pri      : 100              Run Pri         : 100
Preempt Mode    : YES              Delay Time      : 0
Auth Type       : NONE
Virtual IP      : 192.168.0.133
```

  - （65）A．display vrrp statistics　　　　B．display ospf peer
  　　　C．display vrrp verbose　　　　　D．display ospf neighbor
  - （66）A．抢占模式　　　　　　　　　B．认证类型
  　　　C．配置的优先级　　　　　　　D．交换机在当前备份组的状态
- 网络管理员进行检查时发现某台交换机 CPU 占用率超过 90%，通过分析判断，该交换机是由某些操作业务导致 CPU 占用率高，造成该现象的可能原因有__(67)__。
  ①生成树　　　　②更新路由表　　　③频繁的网管操作　　④ARP 广播风暴
  ⑤端口频繁 UP/DOWN　　⑥数据报文转发量过大
  - （67）A．①②③　　　B．①②③④　　　C．①②③④⑤　　D．①②③④⑤⑥
- 某学校为学生宿舍部署无线网络后，频繁出现网速慢、用户无法登录等现象，网络管理员可以通过哪些措施优化无线网络？__(68)__
  ①AP 功率调整　　　　②人员密集区域更换高密 AP
  ③调整宽带　　　　　④干扰调整　　　　⑤馈线入户
  - （68）A．①②　　　　B．①②③　　　　C．①②③④　　　D．①②③④⑤
- 服务虚拟化使用分布式存储，与集中共享存储相比，分布式存储__(69)__。
  - （69）A．虚拟机磁盘 IO 性能较低　　　B．建设成本较高
  　　　C．可以实现多副本数据冗余　　D．网络带宽要求低
- 某网络建设项目的安装阶段分为 A、B、C、D 4 个活动任务，各任务顺次进行，无时间上重叠，

各任务完成时间估计如下图所示，按照计划评审技术，安装阶段工期估算为__（70）__天。

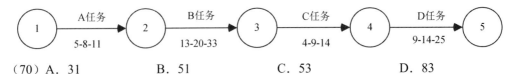

（70）A. 31　　　　　B. 51　　　　　C. 53　　　　　D. 83

- IPSec, also known as the internet Protocol __（71）__, defines the architecture for security services for IP network traffic IPSec describes the framework for providing security at the IP layer, as well as the suite of protocols designed to provide that security: through __（72）__ and encryption of IP network packets. IPSec can be used protect network data, for example, by setting up circuits using IPSec __（73）__, in which all data being sent between two endpoints is encrypted, as with a Virtual __（74）__ Network connection;for encrypting application layer data;and for providing security for routers sending routing data across the public internet. Internet traffic can also be secured from host to host without the use of IPSec, for example by encryption at the __（75）__ layer with HTTP Secure (HTTPS) or at the transport layer with the Transport Layer Security (TLS) protocol.

（71）A. Security　　　B. Secretary　　　C. Secret　　　D. Secondary
（72）A. encoding　　　B. authentication　　C. decryption　　D. packaging
（73）A. channel　　　B. path　　　　　C. tunneling　　D. route
（74）A. public　　　　B. private　　　　C. personal　　　D. proper
（75）A. network　　　B. transport　　　C. application　　D. session

网络规划设计师机考试卷 第4套
案例分析卷

试题一（共25分）

阅读以下说明，回答【问题1】至【问题4】。

【说明】某园区组网图如图1-1所示。该网络中接入交换机利用QinQ技术实现二层隔离，根据不同位置用户信息打上外层VLAN标记，可以有效地避免广播风暴，实现用户到网关流量的统一管理。同时，在网络中部署集群交换机系统CSS及Eth-trunk，提高网络的可靠性。

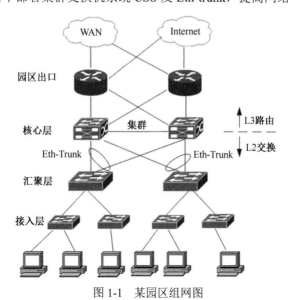

图1-1 某园区组网图

【问题1】（8分）
请简要分析该网络接入层的组网特点（优点及缺点各回答2点）。

【问题2】（6分）
当该园区网用户接入点增加，用户覆盖范围扩大，同时要求提高网络可靠性时，某网络工程师拟采用环网接入+虚拟网关的组网方式。
（1）如何调整交换机的连接方式组建环网？
（2）在接入环网中如何避免出现网络广播风暴？
（3）简要回答如何设置虚拟网关。

【问题3】（6分）
该网络通过核心层进行认证计费，可采用的认证方式有哪些？

【问题4】（5分）
（1）该网络中，出口路由器的主要作用有哪些？
（2）应添加什么设备加强内外网络边界安全防范？放置在什么位置？

试题二（共 25 分）

阅读下列说明，回答【问题1】至【问题4】。

【说明】图 2-1 为某政府部门新建大楼网络设计拓扑图，根据业务需求，共有 3 条链路接入，分别连接电子政务外网、互联网、电子政务内网（涉密网），其中机要系统通过电子政务内网访问上级部门机要系统，并由加密机进行数据加密。3 条接入链路共用大楼局域网，通过 VLAN 逻辑隔离。大楼内部署政府服务系统集群，对外提供政务服务，建设有 4 个视频会议室，部署视频会议系统，与上级单位和下级各部门召开业务视频会议及项目评审会议等，要求录播存储，录播系统将视频存储以 NFS 格式挂载为网络磁盘，存储视频文件。

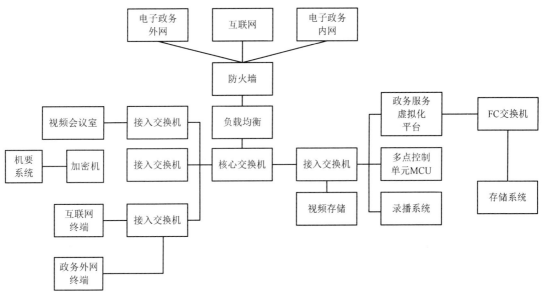

图 2-1 某政府部门新建大楼网络设计拓扑图

【问题1】（9分）
（1）图 2-1 所示设计的网络结构为大二层结构，简述该网络结构各层的主要功能和作用，并简要说明该网络结构的优缺点。
（2）图 2-1 所示的网络设计中，如何实现互联网终端仅能访问互联网、电子政务外网终端仅能访问政务外网、机要系统仅能访问电子政务内网？
（3）机要系统和电子政务内网设计是否违规？请说明原因。

【问题2】（6分）

（1）视频会议1080p格式传输视频，码流为8Mb/s，请计算每个视频会议室每小时会占用多少存储空间（单位要用MB或者GB），并说明原因。

（2）每个视频会议室每年使用约100d（每天按8h计算），视频文件至少保存2年。图2-1中设计的录播系统将视频存储挂载为网络磁盘，存储视频文件，该存储系统规划配置4TB（实际容量按3.63TB计算）磁盘，RAID6方式冗余，设置全局热备盘1块。请计算该存储系统至少需要配置多少块磁盘并说明原因。

【问题3】（6分）

（1）各视频会议室的视频终端和MCU是否需要一对一做NAT，映射公网IP地址？请说明原因。

（2）召开视频会议使用的协议是什么？需要在防火墙开放的TCP端口是什么？

【问题4】（4分）

图2-1所示的虚拟化平台连接的存储系统连接方式是___(1)___，视频存储的连接方式是___(2)___。

试题三（共25分）

回答【问题1】至【问题3】。

【问题1】（4分）

安全管理制度管理、规划和建设为信息安全管理的重要组成部分。一般从安全策略、安全预案、安全检查和安全改进等方面加强安全管理制度的建设和规划。其中，___(1)___应定义安全管理机构、等级划分、汇报处置、处置操作及安全演练等内容；___(2)___应该以信息安全的总体目标和管理意图为基础，是指导管理人员行为和保护信息网络安全的指南。

【问题2】（11分）

某天，网络安全管理员发现Web服务器访问缓慢，无法正常响应用户请求，通过检查发现，该服务器CPU和内存资源使用率很高、网络带宽占用率很高，进一步查询日志，发现该服务器与外部未知地址有大量的UDP连接和TCP半连接，据此初步判断该服务器受到___(1)___和___(2)___类型的分布式拒绝服务攻击（DDoS），可以部署___(3)___设备进行防护。这两种类型的DDoS攻击的原理是___(4)___、___(5)___。

（1）～（2）备选答案（每个选项仅限选一次）：

A．Ping洪流攻击　　B．SYN泛洪攻击　　C．Teardrop攻击　　D．UDP泛洪攻击

（3）备选答案：

A．抗DDoS防火墙　　B．Web防火墙　　C．入侵检测系统　　D．漏洞扫描系统

【问题3】（10分）

网络管理员使用检测软件对Web服务器进行安全测试，图3-1所示为测试结果的片段信息，从测试结果可知，该Web系统使用的数据库软件为___(1)___，Web服务器软件为___(2)___，该Web系统存在___(3)___漏洞，针对该漏洞应采取___(4)___、___(5)___等整改措施进行防范。

```
D:\Sqlmap>Sqlmap.py –u"http://www.xxx.com/mg/login.action"-p talenttype
-dbs –batch –level 3 –risk 2 – random-agent
[21:18:35][INFO]testing connection to the target URL
Sqlmap identified the following injection point(s) with a total of 296 HTTP(s) requests:
---
Parameter: id (GET)
   Type:Boolean-based blind
   Title:AND Boolean-based blind – WHERE or HAVING clause
   Payload:talenettype='1' AND 5707=5707 AND '00wB'='00wB'
---
[21:20:03][INFO]testing MySQL
[21:20:03][INFO]confirming MySQL
[21:20:03][INFO]the back-end DBMS is MySQL
Web application technology:Apache 2.4.20
back-end DBMS:MySQL >=5.0.0
……
Available database [6]:
[*]ecp
[*]information_schema
[*]mysql
[*]performance_ schema
[*]sys
[*]webData
```

图 3-1　测试结果的片段信息

网络规划设计师机考试卷 第4套
论文

网络虚拟化技术在企业网络中的应用

　　网络虚拟化技术已经广泛应用于各类应用中,结合自己参与设计的系统并加以评估,写出一篇具有自己特色的论文。

网络规划设计师机考试卷 第4套
综合知识卷参考答案与试题解析

(1)(2) **参考答案**：C A

试题解析 数据链路协议 HDLC 是一种面向比特的同步链路控制协议。
HDLC 的 3 种帧类型：定义了承载用户数据的信息帧（I 帧）、进行流量和差错控制的管理帧（S 帧）和用于链路控制的无编号帧（U 帧）。

(3) **参考答案**：B

试题解析 差分曼彻斯特编码属于一种双相码，中间电平只起到定时的作用，不用于表示数据。信号开始时有电平变化则表示 0，没有电平变化则表示 1。

题目的第一位信号波形没有前信号波形，因此无法判断图形表示 0 还是 1；选择正确答案时，只需要判断后面 6 位图形代表的数字含义即可。后 6 位差分曼彻斯特编码的信号波形表示的数据是 100110。

(4) **参考答案**：C

试题解析 100BASE-FX 采用的编码技术为 4B/5B，这是一种两级编码方案，首先要把 4 位分为一组的代码变成 5 单位的代码，再把数据变成 NRZ-I 编码。

(5) **参考答案**：B

试题解析 QPSK 调制每次信号变换可以传输 $\log_2 4=2$ 个比特，因此码元速率为 $(1+7+1+2)\times 100\div 2=550$ 波特。

(6) **参考答案**：C

试题解析 DMT 是 ADSL 采用的一种调制技术，实际上是频分复用（FDM）的一种形式。
通过 DMT 技术，可以把一条电话线路划分成 256 个子离散语音信道，每个信道带宽为 4.3kHz。在 ADSL 中，这 256 个子语音信道被重新划分，其中，0～4kHz 频带用于语音电话传输，其他频带用作上、下行数据传送通道。上、下行数据传送通道以每信道为 4kHz 的宽度划分为 25 个上行子信道和 249 个下行子信道。DMT 可以根据各子信道的质量决定子信道的传输速率。

(7) **参考答案**：B

试题解析 SONET 中，OC-1 为最小单位，值为 51.84Mb/s；OC-N 代表 N 倍的 51.84Mb/s，如 OC-3=OC-1×3=155.52Mb/s。

(8) **参考答案**：D

试题解析 回波损耗是指信号反射引起的衰减，具体为入射功率/反射功率，单位为 dB；回波损耗的值在 0dB 到无穷大之间，回波损耗越大表示匹配越好。

（9）**参考答案**：B

试题解析 在以太网中，如果使用停等机制进行数据传输，可以考虑一个以太帧传输的情况。由于以太网数据帧大小可变，这里也没有指定数据大小，因此考虑最大有效传输速率的情况。数据大小就假定一个最大帧长为1518字节。同时，应答帧没有指明大小，可以使用以太网的最小帧长64字节。

一个帧中传输有效数据的时间=1518字节×8bit/字节÷100Mb/s=121.44μs。

一个帧传输的总时间=(发送数据时间)+(A→B 的传播时延)+(应答帧发送时间)+(B→A 的传播时延)=(1518字节×8bit/字节÷100Mb/s)+10μs+(64字节×8bit/字节÷100Mb/s)+10μs=121.44+10+5.12+10μs=146.56μs。

有效传输速率=100Mb/s×(一个帧传输有效数据的时间/一个帧传输的总时间)=100×(121.44/146.56)≈82.9Mb/s。

（10）**参考答案**：D

试题解析 挖矿就是记账的过程，矿工是记账员，区块链就是账本。挖矿算法的实质就是哈希算法。其中POW挖矿算法就是工作量证明算法。

双花攻击的"双花"就是双重支付，UTXO机制和区块链的共识机制以及"多次确认"机制可以防止双花攻击。

（11）**参考答案**：D

试题解析 增量模型的优势是容易理解、管理成本低；减少了用户需求变更；强调开发阶段性早期计划及需求调查和产品测试；交付第一个版本成本和时间比较少。

增量模型的缺点是配置复杂、初始变更没有规划好，会导致后面增量不稳定。

（12）**参考答案**：C

试题解析 序列数据类型表示若干有序数据。Python语言中序列数据类型分为不可变序列数据类型和可变序列数据类型。不可变序列有字符串、元组、字节串和范围；可变序列有列表和字节数组。

（13）**参考答案**：B

试题解析 可用性（availability）是系统能够正常运行的时间比例。经常用两次故障之间的时间长度或在出现故障时系统能够恢复正常的速度来表示。

（14）（15）**参考答案**：A　C

试题解析 在三层C/S软件架构中，表示层属于用户接口部分，担负着用户与应用逻辑间的对话功能；功能层相当于应用的本体，负责具体的业务处理逻辑；数据层是数据库管理系统，负责管理对数据库数据的读写。

（16）（17）**参考答案**：A　D

试题解析 大型软件系统的需求经常发生变化。一般的变更控制过程如下图所示。

问题分析与变更描述：识别问题或明确变更提议，检查有效性，从而生成更明确的需求变更提议。

变更分析与成本计算：依据信息和需求，评估需求变更提议的效益和影响；计算包含修改需求文档、设计和实现修改系统等成本，供决策。

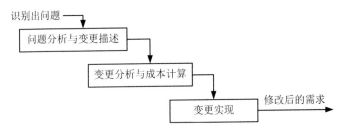

变更实现：同步修改需求和设计文档，避免不一致。

自动化工具能够帮助变更控制过程更有效地运作，能有效地收集、存储及管理变更，这些工具应该具备的特征有可定义变更请求生命周期的状态转换模型；可强制实施状态转换模型，确保只有授权者才能进行所允许的状态变更；可记录每一个状态变更的日期和做出这一变更的人；可定义当提交了新请求或者请求状态出现更新时，哪些人可以接收到电子邮件通知；可定义变更请求中的数据项；可生成标准的、定制的报告和图表。

（18）**参考答案**：C

试题解析 用例用来描述系统对事件做出响应时所采取的行动。用例之间是具有相关性的。用例间的关系有包含、扩展和泛化。

1）包含：抽取两个或多个用例共有的一组相同动作，作为一个独立的子用例，该子用例可为多个基本用例共享或复用。包含关系用带箭头的虚线表示，并附上标记<<include>>。虚线箭头指向子用例。

包含关系示例如下图所示。

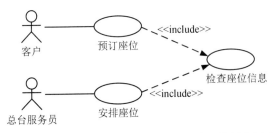

2）扩展：当出现多个不同情况而导致的多种分支时，则可将用例分为一个基本用例和一个或多个扩展用例。扩展关系是对基本用例的扩展，扩展用例不是必须执行的，具备了一定的触发条件才执行。扩展关系用带箭头的虚线表示，并附上标记<<extend>>。虚线箭头由子用例指向基本用例。

扩展关系示例如下图所示。

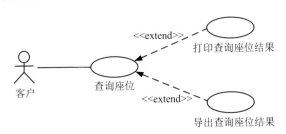

3）泛化：泛化代表一般与特殊的关系，子用例继承了父用例所有的结构、行为和关系。泛化关系用空心三角形箭头的实线表示，箭头指向父用例。

泛化关系示例如下图所示。

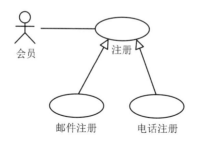

(19)(20) **参考答案**：C A

试题解析　软件统一过程（Rational Unified Process，RUP）也是具有迭代特点的模型。RUP强调采用迭代和增量的方式来开发软件。

依据时间顺序，RUP生命周期分为4个阶段。

1）初始阶段（Inception）：确定项目边界，关注业务与需求风险。
2）细化阶段（Elaboration）：分析项目，构建软件结构、计划。该阶段应确保软件结构、需求、计划已经稳定；项目风险低，预期能完成项目；软件结构风险已经解决。
3）构建阶段（Construction）：构件与应用集成为产品，并通过详细测试。
4）交付阶段（Transition）：确保最终用户可使用该软件。

上述4个阶段就是一个开发周期，每完成一个周期就产生一个版本的软件，直到软件退役。这样做的好处是在软件开发的早期就可以对关键的、影响大的风险进行处理。

(21) **参考答案**：C

试题解析　CNAME：别名，规范名为资源记录，允许多个名称对应同一主机。
NS：域名服务器记录，指明该域名由哪台服务器来解析。

(22) **参考答案**：A

试题解析　DHCP整个工作流程如下图所示，可得出答案。

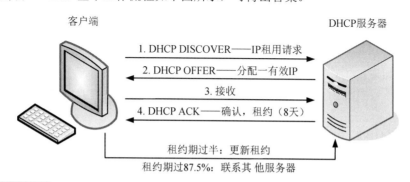

(23) **参考答案**：A

试题解析　发起连接建立请求发送SYN报文，状态变为SYN SENT，若没有应答则关闭。

（24）**参考答案**：D

试题解析 IPv4 报文的总长度（Total Length）字段长度为 16 位，单位是字节，指的是首部加上数据之和的长度。所以，数据报的最大长度为 $2^{16}-1=65535$ 字节。

（25）**参考答案**：B

试题解析 慢启动的策略是主机一开始发送大量的数据，有可能引发网络拥塞，因此较好的方法是先探测一下，由小到大逐步地增加拥塞窗口 cwnd 的大小。通常，在刚开始发送报文段时，可将 cwnd 设置为一个最大报文段长度 MSS 的数值。具体步骤如下：

第一步：发送方设置报文段个数为 1（即 1000 字节），并发送报文段，接收方接收后确认。

第二步：依据慢启动算法，发送方每收到一个新的报文确认（不计重传），则报文段个数加 1，变为 2（即 2000 字节）。

第三步：可以设置由报文段个数变为 4（4000 字节），但是由于对方只能总共接收 5000 字节数据。

所以第二步还能正常，即还能发送数据 2000 字节。

（26）**参考答案**：A

试题解析 DHCP 客户端收到 DHCP 服务器回应的 ACK 报文后，通过地址冲突检测发现服务器分配地址冲突或者由于其他原因导致不能使用，发送 DHCPDECLINE 报文，通知服务器分配的 IP 地址不可用。

（27）**参考答案**：C

试题解析 使用 ping 命令连接目的主机，收到连接不通报文。此时 ping 命令使用的是 ICMP 的目的主机不可达报文。

（28）（29）**参考答案**：A B

试题解析 IP 数据报的分段和重装配要用到报文头部的标识符、数据长度、段偏置值和 M 标志（标记字段的 MF 位）等 4 个字段。其中，标识符字段长度为 16 位，同一数据报分段后，其标识符一致，这样便于重装成原来的数据报。

标记字段长度为 3 位，第 1 位不使用；第 2 位是不分段（DF）位，值为 1 表示不能分片，值为 0 表示允许分片；第 3 位是更多分片（MF）位，值为 1 表示之后还有分片，值为 0 表示是最后一个分片。

分片偏移字段（段偏置值）长度为 13 位，表示数的单位是 8 字节，即每个分片长度是 8 字节的整数倍。该字段是标识所分片的字段分片之后在原始数据中的相对位置。

（30）**参考答案**：C

试题解析 RAID5 磁盘利用率=$(n-1)/n$，其中 n 为 RAID 中的磁盘总数。实现 RAID5 至少需要 3 块硬盘。

所以 3 块 300GB 的磁盘获得的存储容量为两块 300GB 磁盘的总容量。

（31）**参考答案**：B

试题解析 61.115.15.33 最后 8 位化成二进制为：61.115.15.00100001，/28 掩码确定网络地址为 61.115.15.00100000，即 61.115.15.32/28。

61.115.15.32 化成二进制为：61.115.15.00100000，主机位全 0，为网络地址。

61.115.15.40 化成二进制为：61.115.15.00101000，主机位不全为 0，也不全为 1。
61.115.15.47 化成二进制为：61.115.15.00101111，主机位全 1，为广播地址。
61.115.15.55 化成二进制为：61.115.15.00110111，其 28 位网络位与 61.115.15.33 不一致，所以不属于该子网。

（32）**参考答案**：A

试题解析 169.254.0.0/16 为保留地址、127.0.0.0/8 为环回地址、224.0.0.0/4 为 D 类地址，它们均不可作为主机地址使用。

（33）**参考答案**：A

试题解析 子网要能容纳 1000 台主机，则主机位应该为 10 位（$2^{10}=1024>1000$），而网络位为 32−10=22 位，所以掩码应为 11111111.11111111.11111100.00000000，转换为点分十进制为 255.255.252.0。

（34）**参考答案**：B

试题解析 0.0.0.0 只能作源地址；10.255.255.255、202.117.115.255 没有给掩码只能看成广播地址；127.0.0.1 既可作为源地址又可作为目的地址，但不能通过路由器在 Internet 上进行转发。

（35）**参考答案**：A

试题解析 下一个头部字段用来标识当前报头（或者扩展报头）的下一个头部类型，占 8 位。当没有扩展首部时，该值指出了基本首部后面的数据应交付给 IP 上面的高层协议。

（36）（37）**参考答案**：B D

试题解析 ICMP 报文**封装在 IP 数据报**内传输，**RIP 协议基于 UDP，端口号为 520**。

（38）**参考答案**：A

试题解析 1）求传输一帧以太网最大帧所需的时间，即

$$9.6\mu s +(8+1518)\times 8/100M \approx 0.132ms$$

2）求一帧以太网最大帧传输的 TCP 数据的最大值，即

以太网的最大帧长−以太网帧头−IP 报头−TCP 报头=1518−18−20−20=1460 字节

3）采用 TCP/IP 网络传输 14600 字节的应用层数据，采用 100BASE-TX 网络，需要的最短时间为

$$14600/1460\times 0.132ms=1.32ms$$

（39）**参考答案**：B

试题解析 单播地址中环回地址为 1/128。

（40）**参考答案**：A

试题解析 VoIP 实时传输技术主要是采用实时传输协议 RTP。RTP 是提供端到端的包括音频在内的实时数据传送的协议。

（41）**参考答案**：D

试题解析 HTTPS 属于应用层安全协议。

（42）**参考答案**：D

试题解析 用户 A 在 CA 申请了自己的数字证书 I，则该证书包含了 A 的公钥，并且 CA 用自己的私钥对该证书签名。其他用户可使用 CA 的公钥验证证书真伪。

（43）（44）**参考答案**：C B

试题解析 消息摘要算法5（MD5），把信息分为512比特的分组，并且创建一个128比特的摘要。

（45）**参考答案**：B

试题解析 Kerberos使用两个服务器，分别是：鉴别服务器（Authentication Server，AS）和票据授予服务器（Ticket-Granting Server，TGS）。Kerberos解决对称密钥分配问题，Kerberos中没有CA服务器。

（46）（47）**参考答案**：C B

试题解析 SSL协议主要包括SSL记录协议、SSL握手协议、SSL告警协议、SSL修改密文协议等。握手协议用于产生会话状态的密码参数，协商加密算法及密钥等。

（48）**参考答案**：B

试题解析 提高网络的可用性可以采取的措施是链路冗余。

（49）**参考答案**：C

试题解析 路由器收到一个IP数据报，在对其首部校验后发现存在错误，该路由器有可能采取的动作是丢弃该数据报。

（50）**参考答案**：B

试题解析 使用SSL协议URL格式为"HTTPS:// + URL"。

（51）**参考答案**：D

试题解析 五阶段周期模型分为5个阶段：需求规范阶段、通信规范阶段、逻辑网络设计阶段、物理网络设计阶段、实施阶段（安装、调试、维护）。

（52）**参考答案**：B

试题解析 收集用户需求常用的方式包括观察和问卷调查、集中访谈、采访关键人物。开发人员头脑风暴没有用户参与，所以不选。

（53）**参考答案**：C

试题解析 整个系统的可用性=(一条链路的处理能力)×(一条链路工作的概率)+(两条链路的处理能力)×(两条链路工作的概率)。

由于每条链路的可用性为0.9，则两条链路同时有效工作的概率为0.9×0.9=0.81；恰好只有一条链路工作的概率=A链路不工作的概率×B链路工作的概率+ B链路不工作的概率×A链路工作的概率=0.9×(1–0.9)+(1–0.9)×0.9=0.18。

1）非峰值时段系统可用性=1.0×0.18+1.0×0.81=0.99。

2）峰值时段系统可用性=0.8×0.18+1.0×0.81=0.954。

则系统评价可用性=0.4×非峰值时段系统可用性+0.6×峰值时段系统可用性=0.9684。

（54）（55）**参考答案**：C D

试题解析 双核心局域网网络中所有服务器都直接同时连接至两台核心交换机，借助于网关保护协议，实现桌面用户对服务器的高速访问。所以，双核心局域网网络结构中桌面用户访问服务器效率更高。

负载分担不能提高服务器性能。

（56）（57）（58）参考答案：D　B　A

🔑**试题解析**　室外无线网络宜采用的供电方式是 POE 方式供电。

1）自动分配：一旦 DHCP 客户端第一次成功地从 DHCP 服务器租用到 IP 地址，就永远使用这个地址。

2）动态分配：DHCP 客户端第一次成功地从 DHCP 服务器租用到 IP 地址后，并非永久地使用该地址，租约到期，客户端就得释放该 IP 地址。所以，本校师生接入无线网络适合采用动态分配。

只允许在学校备案过的设备接入无线网络，宜采用的认证方式是通过 MAC 地址认证。

（59）参考答案：B

🔑**试题解析**　逻辑网络设计工作主要包括网络结构的设计、物理层技术选择、局域网技术选择与应用、广域网技术选择与应用、地址设计和命名模型、路由选择协议、网络管理和网络安全、设计合理的网络结构、提供合适的应用运行环境、考虑逻辑网络的可扩充性、成熟而稳定的技术选型等。

（60）参考答案：D

🔑**试题解析**　以太网数据部分大小为 46～1500，而以太网最大帧长范围为 64～1518。所以最大传输效率为 1500/1518=98.8%。

（61）参考答案：A

🔑**试题解析**　由于光纤本身的缺陷，制作工艺和石英玻璃材料组分的不均匀性，使光在光纤中传输将产生瑞利散射；由于机械连接和断裂等原因将造成光在光纤中产生菲涅尔反射。

（62）参考答案：D

🔑**试题解析**　CMIP 不是通过轮询而是通过事件报告进行工作的。

（63）（64）参考答案：A　D

🔑**试题解析**　光纤指标包含波长窗口参数，光纤布线链路的最大衰减值，光回波损耗。光时域反射仪可在光纤的一端测得光纤的损耗。

（65）（66）参考答案：C　D

🔑**试题解析**　display vrrp verbose 显示 VRRP 状态的详细消息。
State 字段的含义是交换机在当前备份组的状态。

（67）参考答案：D

🔑**试题解析**　①、②、③不用看，4 个选项都有。数据报文转发量过大能导致交换机 CPU 占用率高，所以选 D。

（68）参考答案：C

🔑**试题解析**　略。

（69）参考答案：C

🔑**试题解析**　分布式存储可以实现多副本数据冗余。

（70）参考答案：C

🔑**试题解析**　依据公式，期望时间（PERT 值）=（最悲观时间+4×最有可能时间+最乐观时间）/6
任务 A 期望时间=(5+4×8+11)/6=8；
任务 B 期望时间=(13+4×20+33)/6=21；

任务 C 期望时间=(4+4×9+14)/6=9；

任务 D 期望时间=(9+4×14+25)/6=15；

所以，安装阶段工期估算为 8+21+9+15=53。

（71）（72）（73）（74）（75）**参考答案**：A　C　C　B　C

试题翻译　IPSec（Internet Protocol Security）定义了 IP 网络流量安全服务的体系结构，IPSec 描述了在 IP 层提供安全性的框架，以及为提供这种安全性而设计的一套协议：通过解密和加密 IP 网络包。可以使用 IPSec 保护网络数据，例如，通过使用 IPSec 隧道设置电路，在该电路中，在两个端点之间发送的所有数据都是加密的，如使用虚拟专用网络连接；用于加密应用层数据；以及用于为通过公共互联网发送路由数据的路由器提供安全性。在不使用 IPSec 的情况下，也可以通过在应用层使用 HTTP Secure（HTTPS）加密或在传输层使用传输层安全（TLS）协议加密来保护从主机到主机的 Internet 通信。

（71）A．安全　　　　B．秘书　　　　C．秘密　　　　D．次要
（72）A．编码　　　　B．认证　　　　C．解密　　　　D．打包
（73）A．通道　　　　B．路径　　　　C．隧道　　　　D．路由
（74）A．公共　　　　B．私有　　　　C．个人　　　　D．适当
（75）A．网络　　　　B．运输　　　　C．应用程序　　D．会议

网络规划设计师机考试卷　第 4 套
案例分析卷参考答案与试题解析

试题一

【问题 1】参考答案

优点：利用 QinQ 技术使得各部门可以任意规划自己的 VLAN、有效地避免广播风暴、更容易实现统一管理、能够提供丰富的业务特性和更加灵活的组网能力。

缺点：接入层交换机的可靠性不足、成本上升。

试题解析　本题的接入层交换机使用了 QinQ 技术，该技术通过对数据帧封装两次 VLAN 标记以实现数据帧的传输管理。QinQ 技术采用两次标记方式，因此可以支持的 VLAN 高达 4094×4094 个，有足够的 VLAN 数量冗余，方便各个部门规划自己的 VLAN。QinQ 技术还可以有效地避免广播风暴，实现统一管理。在网络规划中可以使用不同的 VLAN ID 对应不同的业务，因此可以提供丰富的业务特性和灵活强大的组网能力。

采用 QinQ 技术会导致网络的整体可靠性降低，并且由于要求接入层交换机支持 QinQ 技术，会导致成本的增加。

【问题 2】参考答案

（1）调整树形结构为环形、星形的混合结构。

（2）采用 STP 或 MSTP 进行防环处理。

（3）配置核心交换机为 VRRP（因为图中所示核心具有三层转发能力）。

试题解析　题目当前的网络拓扑结构为星形结构，如果要采用环网接入，则必须将网络拓扑结构调整为环形和星形的混合结构，才可以方便地实现环网接入。

由于网络结构调整为环形，网络中会出现环路，在二层网络中为了避免广播风暴，必须采用生成树协议以防止出现环路引起的广播风暴。

设置虚拟网关的组网方式必须在支持 VRRP 协议的设备上，启用虚拟网关。在本题案例中，可以在核心交换机上设置 VRRP 组，设置合理的虚拟网关。

【问题 3】参考答案

可采用的认证方式有 802.1X、MAC 认证、Portal 认证。

试题解析　网络通过核心层进行认证和计费，通常采用的方式有 PPPoE、802.1X、MAC 认证、Portal 认证等。

通常 PPPoE 和 802.1X 方式，需要在客户端安装相应的认证程序，并在使用网络时输入用户名和密码进行验证。而 Portal 方式不需要安装专用客户端，用户在需要上网时，系统会自动将连接请求转换到 Portal 页面，在网页端实现用户认证之后就能上网。

【问题 4】参考答案

（1）路由选择、NAT、ACL 等。

（2）增加防火墙，放置于路由器与核心交换机之间。

试题解析　在本题给出的网络中，出口路由器主要用于将内网等流量通过合适的方式转发到运营商，因此其主要作用是进行路由选择。同时，内网的用户通常会使用私有地址，为了能让私有地址用户使用因特网，还需要出口路由器进行地址转换。另外，在网络中往往需要根据业务需求进行适当的网络访问控制，也可以在路由器上使用 ACL 对用户的访问行为进行具体的控制。

根据题目要求，要加强内外网络边界的安全防范，需要配置防火墙，防火墙主要用于内外网络的边界，用于防御外网可能带来的安全威胁。在本题中，路由器直接用于连接因特网，因此防火墙最佳的部署位置是路由器和核心交换机之间。

试题二

【问题 1】参考答案

（1）大二层网络包含核心层和接入层。

核心层：高速数据转发、智能选路。

接入层：用户接入。

优点：扁平化管理、采用虚拟化技术、支持高效能、高智能、有效地避免环路、网络震荡快速收敛、部署方便、网络结构简单、维护方便、可以有效地利用现有冗余链路带宽。

缺点：核心层压力增加、难以维护。

（2）按注册设备 MAC 地址划分 VLAN 或者通过账号登录下发对应的 IP 地址；然后策略路由。

（3）违规。电子政务网络由政务内网和政务外网组成，政务内网与政务外网之间物理隔离，政务外网与互联网之间逻辑隔离；机要系统应与外网隔离。

试题解析　（1）大二层网络包含核心层和接入层。

核心层：高速数据转发、智能选路。

接入层：用户接入。

优点：扁平化管理、采用虚拟化技术、支持高效能、高智能、有效避免环路、网络震荡快速收敛、部署方便、网络结构简单、维护方便、可以有效利用现有冗余链路带宽。

（2）略。

（3）电子政务网络由政务内网和政务外网组成，政务内网与政务外网之间物理隔离，政务外网与互联网之间逻辑隔离；机要系统应与外网隔离。

【问题 2】参考答案

（1）每个视频会议室每小时占用空间数为：8/8×3600=3600MB。

（2）4 个视频会议室总共需要的存储空间=4×(2×100×8)×3600MB=23040000MB≈22TB。该空间需要 22TB/3.63≈7 块盘存储数据。

由于 RAID 6 需要配置 2 块盘的空间做冗余，同时还需要设置全局热备盘 1 块，所以一共需要配置 10 块盘。

试题解析 （1）本题从 2010 年 5 月网规案例题改编而来。

1080p 是一种视频显示格式，P 代表的意思为逐行扫描，通常 1080p 的画面分辨率为 1920×1080。

根据题目要求，视频会议 1080p 格式传输视频，码流为 8Mb/s，每个视频会议室每秒需要的存储空间：即将 8Mb/s 转化为 8/8=1MB/s，再乘以监控时间 3600s（1h）。可以得到每个视频会议室每小时会占用的总存储空间。

即为：8/8×3600=3600MB。

（2）每个视频会议室每年使用约 100d（每天按 8h 计算），视频文件至少保存 2 年。则 4 个视频会议室总共需要的存储空间=4×(2×100×8)×3600MB=23040000MB≈22TB。

该存储系统规划配置 4TB（实际容量按 3.63TB 计算）磁盘，所以存储 22TB 数据需要磁盘数为 22TB/3.63≈7 块盘。

RAID6 允许同一 RAID 组内同时有 2 块盘发生故障。RAID6 磁盘利用率为$(n–2)/n$（n 为 RAID 组内成员盘个数）。同时还需要设置全局热备盘 1 块。所以还需要额外配置 3 块盘，所以一共需要配置 10 块盘。

注：一般来说，RAID 组磁盘数没有限制。但严格来说，一般配置不超过 7 块盘。实际操作还需要分为两个 RAID 6 组，这种情况下还需要两块盘，也就是 12 块。

【问题 3】参考答案

（1）各视频会议室的视频终端和 MCU 不需要一对一做 NAT，这样比较浪费 IP 地址，可以多对一做 NAT。

（2）视频会议使用的协议是 H.323，TCP 端口为 2776 和 2777。

试题解析 略。

【问题 4】参考答案

（1）FC SAN　　（2）NAS

试题解析 虚拟化平台连接的存储系统连接了 FC 交换机，所以是 FC SAN。

录播系统将视频存储以 NFS 格式挂载为网络磁盘，所以视频存储的连接方式是 NAS。

试题三

【问题 1】参考答案

（1）安全预案　　（2）安全策略

试题解析 考查基本概念。

【问题 2】参考答案

（1）B　　（2）D　　（1）、（2）答案可以互换

（3）A

（4）SYN 是 TCP 三次握手中的第一个数据包，而当服务器返回 ACK 后，该攻击者就不对其进行再确认，那这个 TCP 连接就处于挂起状态，也就是所谓的半连接状态，如果服务器收不到再确认，还会重复发送 ACK 给攻击者。这样会浪费服务器的资源。攻击者就对服务器发送非常大量的这种 TCP 连接，由于每一个都没法完成三次握手，所以最后服务器耗光资源而无法为正常用户提供服务。

（5）UDP 泛洪攻击者通过向目标主机发送大量的 UDP 报文，导致目标主机忙于处理这些 UDP 报文，而无法处理正常的报文请求或响应。

试题解析 Teardrop 的工作原理是向被攻击者发送多个分片的 IP 包（IP 分片数据包中包括该分片数据包属于哪个数据包以及在数据包中的位置等信息），某些操作系统收到含有重叠偏移的伪造分片数据包时将会出现系统崩溃、重启等现象。

Ping of Death：攻击者故意发送大于 65535 字节的 IP 数据包给对方。当许多操作系统收到一个特大号的 IP 包时，操作系统往往会宕机或重启。

SYN 是 TCP 三次握手中的第一个数据包，而当服务器返回 ACK 后，该攻击者就不对其进行再确认，那这个 TCP 连接就处于挂起状态，也就是所谓的半连接状态，如果服务器收不到再确认，还会重复发送 ACK 给攻击者。这样会浪费服务器的资源。SYN 攻击就对服务器发送非常大量的这种 TCP 连接，由于每一个都没法完成三次握手，所以最后服务器耗光资源而无法为正常用户提供服务。

UDP 泛洪攻击是通过向目标主机发送大量的 UDP 报文，导致目标主机忙于处理这些 UDP 报文，而无法处理正常的报文请求或响应。

针对 DDoS 攻击，可以采用带抗 DDoS 的防火墙进行有效防御。

【问题 3】参考答案

（1）MySQL　　（2）Apache　　（3）SQL 注入　　（4）部署 WAF 设备

（5）下载 SQL 通用防注入系统的程序或者防范注入分析器

试题解析 题目图中出现了 Sqlmap identified the following injection point(s) with a total of 296 等信息，说明出现了 SQL 注入点。

防范 SQL 注入攻击的手段有：部署 WAF 设备；下载 SQL 通用防注入系统的程序；防范注入分析器；加强用户输入认证；避免特殊字符输入等。

网络规划设计师机考试卷 第4套
论文参考范文

摘要：

2021年4月，某市广播电视台为推进融媒体建设，整合媒体资源，决定投入资金650万元，建设新媒体信息中心，实现传统媒体和新媒体的资源共享，一处生产，多处分发，有效地提高工作效率。我作为本台的技术骨干，全面负责该项目的规划和设计工作。为保证系统的稳定性、连续性，资源的合理分配，以及提高管理效率，该项目采用了虚拟化技术，包括服务器虚拟化、网络虚拟化和存储虚拟化等。本文首先介绍虚拟化技术在企业网络中的需求和必要性；其次详细地阐述了该项目中的新媒体信息中心虚拟化方案，方案包括整体规划、网络拓扑设计和硬件设备部署；最后分析使用网络虚拟化技术的优缺点。本台数十位技术同事经过7个月的齐心合力，该项目建设效果达到预期要求，获得了领导和同事的一致好评。

正文：

2021年4月，某市广播电视台为响应党中央的"媒体融合"号召，推进融媒体建设，整合媒体资源，实现传统媒体和新媒体的融合，决定投入资金650万元，启动新媒体信息中心建设。我作为该广播电视台的技术部主任，全面负责该项目的规划和设计工作。安全生产是广播电视台的重要生命线，在新媒体信息中心建设中，系统的稳定性、安全性和连续性是该项目的重要考虑环节。我们采用虚拟化技术构建统一的计算资源池，合理分配了系统资源，避免出现资源浪费的情况，降低了机房的密度，节约用电的成本。虚拟化技术的高度管理性，大大减轻了运维压力，有效地提高了管理效率。下面我结合该项目的实际情况进行论述。

一、企业网络中应用虚拟化技术的必要性

在企业网络中，需要保证系统具有较高的稳定性和连续性，业务系统的中断可能为企业带来不可估量的损失。现实中可以通过网络虚拟化、服务器虚拟化和存储虚拟化等虚拟化技术，提高系统的稳定性和连续性。同时采用虚拟化技术可使网络、服务器和存储资源更能合理地进行分配，各种类型的资源得到充分的调度，避免出现一部分设备或资源十分紧缺，另一部分设备或资源空闲的情况。虚拟化技术有效地降低了机房的密度，大幅度地减少了企业的投资成本和用电成本。另外，虚拟化技术的集中管理方式，大大地减轻了运维人员的工作压力，提高了管理效率，降低了企业的运维成本。因此，虚拟化技术是建设与管理企业网络的一项重要技术。

二、新媒体信息中心的虚拟化方案

新媒体和传统媒体的有机融合是新媒体信息中心建设的目标。因此，在项目的建设上，既要实现新媒体快速、实时的业务特点；同时又要确保传统媒体稳定、连续的业务要求。而采用虚拟化技术恰好能解决上述一系列难点。在实施新媒体信息中心虚拟化方案中，我部署了10台华为的超融合服务器 2288H，通过华为的 FusionCompute 虚拟化管理软件组建成一个虚拟池，在虚拟池中创建了多台服务器，包括 6 台 Web 应用虚拟服务器，3 台 CMS 应用虚拟服务器，3 台数据库虚拟服务器，2 台视频编解码服务器等。通过虚拟化软件虚拟 2 台交换机，并通过虚拟交换机上划分 VLAN，分别连接业务网络和存储网络。10 台超融合服务器通过以太网光纤，再通过 FCOE 接口连接 2 台华为 CloudEngine S5737 交换机，同时交换机连接 3 台华为 Ocean Stor 阵列柜，阵列柜采用 IP-SAN 存储架构，并使用分布式存储技术。

新媒体业务具有实时、高效的业务特点，同时在系统资源的使用率上存在不确定性，某一条突发的资讯或视频会导致访问量在短时间内急剧上升，而经过一段时间后又重新恢复到正常访问的情况。针对这种情况，如果采用部署多台物理服务器的方式，在平时正常访问量的情况下会浪费大量的资源；而当突发高并发量时，现有服务器无法满足应用需求时，通过扩容和部署新服务器以提高性能，需花费大量的时间和精力，也无法满足业务的需求。而通过 FusionCompute 虚拟管理系统可实时监控服务器、网络及应用的使用情况，可动态增加、删除虚拟服务器，或者增加或减少某台服务器的 CPU、内存、网络等资源。这种动态调度资源的技术只需在虚拟服务管理系统中进行配置即可实现，时间短，效率高，且无须额外增加服务器，从而降低建设成本。

安全生产是传统媒体的生命线，因此对于系统的稳定性和连续性有着很高的要求，华为的 FusionCompute 提供的在线迁移技术、链路聚合、分布式存储为系统的稳定性和连续性提供了可靠的保障。当某一台物理服务器出现故障时，在该台服务器上运行的虚拟服务器可按设定自动迁移到其他物理服务器上，保证该应用不因物理服务器的故障而导致中断，实现用户无感知的迁移，确保系统的稳定性和连续性。通过在虚拟交换机划分 VLAN 连接业务和存储网络，使用链路聚合技术，在某条线路或某个交换节点出现故障时，仍可通过其他链路进行数据传输，保证网络的可靠性。虚拟化的分布式存储大大提高了存储的安全性，各个硬盘间存在互相校验和备份功能，在某个硬盘出现故障时，数据仍能正常访问，更换硬盘后可快速恢复数据。

三、网络虚拟化技术的评价

在新媒体信息中心项目中，网络虚拟化技术具有以下几个特点：

（1）为传统媒体系统提供高可靠性保障。某一台物理服务器在突然断电或链路中断的情况下，虚拟服务器上的应用和网络仍保持正常服务状态，不因故障导致系统或网络中断。

（2）在资源调度方面，可通过虚拟化管理软件监控各台服务器的运行状态，根据自身系统的需求和环境的变化，快速调整系统资源，满足在新媒体突发性高、并发量大的访问需求。

（3）通过一套管理系统同时管理多台虚拟服务器、网络和存储。这种集中式管理方式减轻了运维人员的工作压力，大大提高了管理效率。

（4）通过虚拟化技术，新媒体信息中心机房预计的物理服务器和交换机等设备的投入数量大为减少，降低了机房内的设备密度，为单位节约了用电成本。

通过全面细致的设计以及全体成员的齐心协力，该项目取得了极佳的运行效果，并于 2021 年 11 月投入使用。项目在成本和质量管理等方面都得到了很好的控制，在保障数据安全性的同时，提高了业务的可靠性和数据的传输效率。因此，该项目获得了领导和同事们的一致好评。在今后的项目规划设计过程中，我们将总结经验和不足，不断地学习探索，不断提升网络规划设计工作的能力和水平。

网络规划设计师机考试卷 第5套
综合知识卷

- 计算机执行程序时，CPU中__(1)__的内容总是一条指令的地址。
  - (1) A. 运算器　　　　　　　　　　　B. 控制器
  　　 C. 程序计数器　　　　　　　　　D. 通用寄存器
- 构成运算器需要多个部件，__(2)__不是构成运算器的部件。
  - (2) A. 加法器　　　　　　　　　　　B. 累加器
  　　 C. 地址寄存器　　　　　　　　　D. ALU（算术逻辑部件）
- 若单个I/O的可靠性都是R_1，单个CPU的可靠性都是R_2，单个MEM的可靠性都是R_3，则下图所示系统的可靠性为__(3)__。

  ─[I/O]─[CPU]─[MEM]─

  - (3) A. $R_1R_2R_3$　　　　　　　　　　B. $[1-(1-R_1R_2R_3)^3]^3$
  　　 C. $1-R_1R_2R_3$　　　　　　　　D. $1-(1-R_1)^3$
- 设备驱动程序是直接与__(4)__打交道的软件。
  - (4) A. 应用程序　　B. 数据库　　C. 编译程序　　D. 硬件
- 在操作系统的进程管理中若系统中有6个进程要使用互斥资源R，但最多只允许2个进程进入互斥段（临界区），则信号量S的变化范围是__(5)__。
  - (5) A. -1~1　　　B. -2~1　　　C. -3~2　　　D. -4~2
- 在HFC网络中，Internet接入采用的复用技术是__(6)__，其中下行信道不包括__(7)__。
  - (6) A. FDM　　　B. TDM　　　C. CDM　　　D. STDM
  - (7) A. 时隙请求　B. 时隙授权　C. 电视信号数据　D. 应用数据
- 在下图所示的采用"存储-转发"方式分组的交换网络中，所有链路的数据传输速度为100Mb/s，传输的分组大小为1500字节，分组首部大小为20字节，路由器之间的链路代价为路由器接口输出队列中排队的分组个数。主机H1向主机H2发送一个大小为296000字节的文件，在不考虑网络层以上层的封装、链路层封装、分组拆装时间和传播延迟的情况下，若路由器均运行RIP协议，从H1发送到H2接收完为止，需要的时间至少是__(8)__ms；若路由器均运行OSPF协议，需要的时间至少是__(9)__ms。

(8) A. 24　　　　　B. 24.6　　　　　C. 24.72　　　　　D. 25.08
(9) A. 24　　　　　B. 24.6　　　　　C. 24.72　　　　　D. 25.08

- 若要获取某个域的授权域名服务器的地址，应查询该域的__(10)__记录。
  (10) A. CNAME　　　B. MX　　　　C. NS　　　　D. A
- 软件文档是影响软件可维护性的决定因素。软件系统文档可以分为用户文档和__(11)__两类。其中，用户文档主要描述__(12)__和使用方法，并不关心这些功能是怎样实现的。
  (11) A. 系统文档　　B. 需求文档　　C. 标准文档　　D. 实现文档
  (12) A. 系统实现　　B. 系统设计　　C. 系统功能　　D. 系统测试
- 以下关于敏捷开发方法特点的叙述中，错误的是__(13)__。
  (13) A. 敏捷开发方法是适应性而非预设性
       B. 敏捷开发方法是面向过程的而非面向人的
       C. 采用迭代增量式的开发过程，发行版本小型化
       D. 敏捷开发强调开发过程中相关人员之间的信息交流
- 某厂生产的某种电视机，销售价为每台 2500 元，去年的总销售量为 25000 台，固定成本总额为 2500000 元，可变成本总额为 40000000 元，税率为 16%，则该产品年销售量的盈亏平衡点为__(14)__台（只有在年销售量超过它时才能盈利）。
  (14) A. 5000　　　　B. 10000　　　C. 15000　　　D. 20000
- 按照《中华人民共和国著作权法》的权利保护期，__(15)__受到永久保护。
  (15) A. 发表权　　　B. 修改权　　　C. 复制权　　　D. 发行权
- 为防范国家数据安全风险、维护国家安全、保障公共利益，2021 年 7 月，中国网络安全审查办公室发布公告，对"滴滴出行""运满满""货车帮"和"BOSS 直聘"开展网络安全审查。此次审查依据的国家相关法律法规是__(16)__。
  (16) A. 《中华人民共和国网络安全法》和《中华人民共和国国家安全法》
       B. 《中华人民共和国网络安全法》和《中华人民共和国密码法》
       C. 《中华人民共和国数据安全法》和《中华人民共和国网络安全法》
       D. 《中华人民共和国数据安全法》和《中华人民共和国国家安全法》
- Android 系统是一个开源的移动终端操作系统，共分成 Linux 内核层、系统运行库层、应用程

序框架层和应用程序层 4 个部分。显示驱动位于__(17)__。
 (17) A．Linux 内核层　　　　　　　B．系统运行库层
　　　 C．应用程序框架层　　　　　　D．应用程序层
● 信息系统面临多种类型的网络安全威胁。其中，信息泄露是指信息被泄露或透露给某个非授权的实体；__(18)__是指数据被非授权地进行增删、修改或破坏而受到损失；__(19)__是指对信息或其他资源的合法访问被无条件地阻止；__(20)__是指通过对系统进行长期监听，利用统计分析方法对诸如通信频度、通信的信息流向、通信总量的变化等参数进行研究，从而发现有价值的信息和规律。
 (18) A．非法使用　　B．破坏信息的完整性　　C．授权侵犯　　D．计算机病毒
 (19) A．拒绝服务　　B．陷阱门　　　　　　　C．旁路控制　　D．业务欺骗
 (20) A．特洛伊木马　B．业务欺骗　　　　　　C．物理侵入　　D．业务流分析
● IP 数据报首部中 IHL（Internet 首部长度）字段的最小值为__(21)__。
 (21) A．5　　　　　　B．2　　　　　　C．32　　　　　　D．128
● 若有带外数据需要传送，TCP 报文中__(22)__标志字段置 "1"。
 (22) A．PSH　　　　　B．FIN　　　　　C．URG　　　　　D．ACK
● 如果发送给 DHCP 客户端的地址已经被其他 DHCP 客户端使用，客户端会向服务器发送__(23)__信息包拒绝接收已经分配的地址信息。
 (23) A．DHCPACK　　B．DHCPOFFER　　C．DHCPDECLINE　　D．DHCPNACK
● 地址 202.118.37.192/26 是__(24)__，地址 192.117.17.255/22 是__(25)__。
 (24) A．网络地址　　B．组播地址　　C．主机地址　　D．定向广播地址
 (25) A．网络地址　　B．组播地址　　C．主机地址　　D．定向广播地址
● 将地址块 192.168.0.0/24 按照可变长子网掩码的思想进行子网划分，若各部门可用主机地址需求如下表所示，则共有__(26)__种划分方案，部门 3 的掩码长度为__(27)__。

部门	所需地址总数
部门 1	100
部门 2	50
部门 3	16
部门 4	10
部门 5	8

 (26) A．4　　　　　　B．8　　　　　　C．16　　　　　　D．32
 (27) A．25　　　　　B．26　　　　　C．27　　　　　　D．28
● 若一个组播包含 6 个成员，组播服务器所在网络有 2 个路由器，当组播服务器发送信息时需要发出__(28)__个分组。
 (28) A．1　　　　　　B．2　　　　　　C．3　　　　　　D．6

- 在 BGP4 协议中，当出现故障时采用__(29)__报文发送给邻居。
  (29) A. trap　　　　　　B. update　　　　　　C. keepalive　　　　　　D. notification
- 下列 DNS 查询过程中，合理的是__(30)__。
  (30) A. 本地域名服务器把转发域名服务器地址发送给客户机
  　　 B. 本地域名服务器把查询请求发送给转发域名服务器
  　　 C. 根域名服务器把查询结果直接发送给客户机
  　　 D. 客户端把查询请求发送给中介域名服务器
- 下列路由记录中最可靠的是__(31)__，最不可靠的是__(32)__。
  (31) A. 直连路由　　　B. 静态路由　　　C. 外部 BGP　　　D. OSPF
  (32) A. 直连路由　　　B. 静态路由　　　C. 外部 BGP　　　D. OSPF
- 下图所示的 OSPF 网络由 3 个区域组成。以下说法中正确的是__(33)__。
  (33) A. R1 为主干路由器　　　　　　　　B. R6 为区域边界路由器（ABR）
  　　 C. R7 为自治系统边界路由器（ASBR）　D. R3 为内部路由器

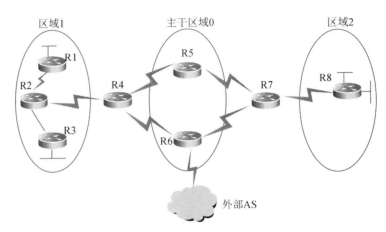

- DNS 服务器中提供了多种资源记录，其中定义区域授权域名服务器的是__(34)__。
  (34) A. SOA　　　　　　B. NS　　　　　　C. PTR　　　　　　D. MX
- 网络开发过程包括需求分析、通信规范分析、逻辑网络设计、物理网络设计及安装和维护 5 个阶段。以下关于网络开发过程的叙述中，正确的是__(35)__。
  (35) A. 需求分析阶段应尽量明确定义用户需求，输出需求规范、通信规范
  　　 B. 逻辑网络设计阶段设计人员一般更加关注于网络层的连接图
  　　 C. 物理网络设计阶段要输出网络物理结构图、布线方案、IP 地址方案等
  　　 D. 安装和维护阶段要确定设备和部件清单、安装测试计划，进行安装调试
- 某高校欲重新构建高校选课系统，配备多台服务器部署选课系统，以应对选课高峰期的大规模并发访问。根据需求，公司给出如下 2 套方案。
  方案一：
  1）配置负载均衡设备，根据访问量实现多台服务器间的负载均衡。

2）数据库服务器采用高可用性集群系统，使用 SQL Server 数据库，采用单活工作模式。

方案二：

1）通过软件方式实现支持负载均衡的网络地址转换，根据对各个内部服务器的 CPU、磁盘 I/O 或网络 I/O 等多种资源的实时监控，将外部 IP 地址映射为多个内部 IP 地址。

2）数据库服务器采用高可用性集群系统，使用 Oracle 数据库，采用双活工作模式。

对比方案一和方案二中的服务器负载均衡策略，下列描述中错误的是___(36)___。

两个方案都采用了高可用性集群系统，对比单活和双活两种工作模式，下列描述中错误的是___(37)___。

(36) A．方案一中对外公开的 IP 地址是负载均衡设备的 IP 地址

B．方案二中对每次 TCP 连接请求动态使用一个内部 IP 地址进行响应

C．方案一可以保证各个内部服务器间的 CPU、IO 的负载均衡

D．方案二的负载均衡策略使得服务器的资源分配更加合理

(37) A．单活工作模式中一台服务器处于活跃状态，另外一台处于热备状态

B．单活工作模式下热备服务器不需要监控活跃服务器并实现数据同步

C．双活工作模式中两台服务器都处于活跃状态

D．数据库应用一级的高可用性集群可以实现单活或双活工作模式

● 某高校实验室拥有一间 100m² 的办公室，里面设置了 36 个工位，用于安置本实验室的 36 名研究生。根据该实验室当前项目的情况，划分成了 3 个项目组，36 个工位也按照区域聚集原则划分出 3 个区域。该实验室采购了一台具有 VLAN 功能的两层交换机，用于搭建实验室有线局域网，实现 3 个项目组的网络隔离。初期考虑到项目组位置固定且有一定的人员流动，搭建实验室局域网时宜采用的 VLAN 划分方法是___(38)___。随着项目进展及人员流动加剧，项目组区域已经不再适合基于区域聚集原则进行划分，而且项目组长或负责人也需要能够同时加入到不同的 VLAN 中。此时宜采用的 VLAN 划分方法是___(39)___。

在项目后期阶段，3 个项目组需要进行联合调试，因此需要实现 3 个 VLAN 间的互联互通。目前有两种方案：

方案一：采用独立路由器方式，保留两层交换机，增加一个路由器。

方案二：采用三层交换机方式，用带 VLAN 功能的三层交换机替换原来的两层交换机。

与方案一相比，下列叙述中不属于方案二优点的是___(40)___。

(38) A．基于端口　　　B．基于 MAC 地址　　C．基于网络地址　　D．基于 IP 组播

(39) A．基于端口　　　B．基于 MAC 地址　　C．基于网络地址　　D．基于 IP 组播

(40) A．VLAN 间数据帧要被解封成 IP 包再进行传递

B．三层交换机具有路由功能，可以直接实现多个 VLAN 之间的通信

C．不需要对所有的 VLAN 数据包进行解封、重新封装操作

D．三层交换机实现 VLAN 间通信是局域网设计的常用方法

● 用户 A 在 CA 申请了自己的数字证书 I，下面的描述中正确的是___(41)___。

(41) A．证书 I 中包含了 A 的私钥，CA 使用公钥对证书 I 进行了签名

B．证书 I 中包含了 A 的公钥，CA 使用私钥对证书 I 进行了签名

C. 证书 I 中包含了 A 的私钥，CA 使用私钥对证书 I 进行了签名

D. 证书 I 中包含了 A 的公钥，CA 使用公钥对证书 I 进行了签名

- 数字签名首先需要生成消息摘要，然后发送方用自己的私钥对报文摘要进行加密，接收方用发送方的公钥验证真伪。生成消息摘要的目的是 __(42)__ ，对摘要进行加密的目的是 __(43)__ 。

  (42) A. 防止窃听　　　B. 防止抵赖　　　C. 防止篡改　　　D. 防止重放

  (43) A. 防止窃听　　　B. 防止抵赖　　　C. 防止篡改　　　D. 防止重放

- 下列关于第三方认证服务的说法中，正确的是 __(44)__ 。

  (44) A. Kerberos 采用单钥体制

  B. Kerberos 的中文全称是"公钥基础设施"

  C. Kerberos 认证服务中保存数字证书的服务器叫 CA

  D. Kerberos 认证服务中用户首先向 CA 申请初始票据

- SSL 的子协议主要有记录协议和 __(45)__ ，其中 __(46)__ 用于产生会话状态的密码参数，协商加密算法及密钥等。

  (45) A. AH 协议和 ESP 协议　　　B. AH 协议和握手协议

  C. 告警协议和握手协议　　　D. 告警协议和 ESP 协议

  (46) A. AH 协议　　　B. 握手协议　　　C. 告警协议　　　D. ESP 协议

- 在进行 POE 链路预算时，已知光纤线路长 5km，下行衰减 0.3dB/km；热熔连接点 3 个，衰减 0.1dB/个；分光比 1:8，衰减 10.3dB；光纤长度冗余衰减 1dB。下行链路衰减的值是 __(47)__ 。

  (47) A. 11.7dB　　　B. 13.1dB　　　C. 12.1dB　　　D. 10.7dB

- 路由器收到包含如下属性的两条 BGP 路由，根据 BGP 选路规则，__(48)__ 。

Network	NextHop	MED	LocPrf	PrefVal	Path/Ogn
M 192.168.1.0	10.1.1.1	30	0		100i
N 192.168.1.0	10.1.1.2	20	0		100 200i

  (48) A. 最优路由 M，其 AS-Path 比 N 短　　　B. 最优路由 N，其 MED 比 M 小

  C. 最优路由随机确定　　　D. local-preference 值为空，无法比较

- 在 Windows Server 2008 操作系统中，某共享文件夹的 NTFS 权限和共享文件权限设置的不一致，则对于访问该文件夹的用户而言，下列 __(49)__ 有效。

  (49) A. 共享文件夹权限

  B. 共享文件夹的 NTFS 权限

  C. 共享文件夹权限和共享文件夹的 NTFS 权限累加

  D. 共享文件夹权限和共享文件夹的 NTFS 权限中更小的权限

- 光网络设备调测时，一旦发生光功率过高就容易导致烧毁光模块事故，符合规范要求的是 __(50)__ 。

  ①调测时要严格按照调测指导书说明的受光功率要求进行调测。

  ②进行过载点测试时，达到国标即可，禁止超过国标 2 个 dB 以上，否则可能会烧毁光模块。

  ③使用 OTDR 等能输出大功率光信号的仪器对光路进行测量时，要将通信设备与光路断开。

④不能采用将光纤连接器插松的方法来代替光衰减器。
（50）A．①②③④　　B．②③④　　C．①②　　D．①②③

- 以下有关SSD，描述错误的是___(51)___。
  （51）A．SSD是用固态电子存储芯片阵列制成的硬盘，由控制单元和存储单元（FLASH芯片、DRAM芯片）组成
  B．SSD固态硬盘最大的缺点就是不可以移动，而且数据保护受电源控制，不能适应于各种环境
  C．SSD的接口规范和定义、功能及使用方法与普通硬盘完全相同
  D．SSD具有擦写次数的限制，闪存完全擦写一次叫作1次P/E，其寿命以P/E为单位

- 在Windows Server 2008操作系统中，要有效防止"穷举法"破解用户密码，应采用___(52)___。
  （52）A．安全选项策略　　　　　　B．账户锁定策略
  　　　C．审核对象访问策略　　　　D．用户权利指派策略

- 某单位在进行新园区网络规划设计时，考虑选用的关键设备都是国内外知名公司的产品，在系统结构化布线、设备安装、机房装修等环节严格按照现行国内外相关技术标准或规范来执行。该单位在网络设计时遵循了___(53)___原则。
  （53）A．先进性　　　　　　　　　B．可靠性与稳定性
  　　　C．可扩充　　　　　　　　　D．实用性

- 查看OSPF进程下路由计算的统计信息是___(54)___，查看OSPF邻居状态信息是___(55)___。
  （54）A．display ospf cumulative　　　B．display ospf spf-satistics
  　　　C．display ospf global-statics　　D．display ospf request-queue
  （55）A．display ospf peer　　　　　　B．display ip ospf peer
  　　　C．display ospf neighbor　　　　D．display ip ospf neighbor

- 一个完整的无线网络规划通常包括___(56)___。
  ①规划目标定义及需求分析。　　②传播模型校正及无线网络的预规划。
  ③站址初选与勘察。　　　　　　④无线网络的详细规划。
  （56）A．①②③④　　B．④　　C．②③　　D．①③④

- 下列RAID级别中，数据冗余能力最弱的是___(57)___。
  （57）A．RAID5　　B．RAID1　　C．RAID6　　D．RAID0

- 在五阶段网络开发过程中，网络物理结构图和布线方案的确定是在___(58)___阶段确定的。
  （58）A．需求分析　　B．逻辑网络设计　　C．物理网络设计　　D．通信规范设计

- 按照IEEE 802.3标准，不考虑帧同步的开销，以太帧的最大传输效率为___(59)___。
  （59）A．50%　　B．87.5%　　C．90.5%　　D．98.8%

- 进行链路传输速率测试时，测试工具应在交换机发送端口产生___(60)___线速流量。
  （60）A．100%　　B．80%　　C．60%　　D．50%

- 下列描述中，属于工作区子系统区域范围的是___(61)___。
  （61）A．实现楼层设备之间的连接　　　　B．接线间配线架到工作区信息插座
  　　　C．终端设备到信息插座的整个区域　D．接线间内各种交连设备之间的连接

● 下列测试指标中，属于光纤指标的是__(62)__，仪器__(63)__可在光纤的一端测得光纤的损耗。

(62) A．波长窗口参数　　B．线对间传播时延差　　C．回波损耗　　D．近端串扰

(63) A．光功率计　　B．稳定光源　　C．电磁辐射测试笔　　D．光时域反射仪

● 以下关于光缆的弯曲半径的说法中，不正确的是__(64)__。

(64) A．光缆弯曲半径太小易折断光纤

　　　B．光缆弯曲半径太小易发生光信号的泄露，影响光信号的传输质量

　　　C．施工完毕后光缆余长的盘线半径应大于光缆半径的 15 倍以上

　　　D．施工中光缆的弯折角度可以小于 90°

● 网络管理员在日常巡检中，发现某交换机有个接口（电口）丢包频繁，下列处理方法中正确的是__(65)__。

①检查连接线缆是否存在接触不良或外部损坏的情况

②检查网线接口是否存在内部金属弹片凹陷或偏位

③检查设备两端接口双工模式、速率、协商模式是否一致

④检查交换机是否中病毒

(65) A．①②　　　　B．③④　　　　C．①②③　　　　D．①②③④

● 网络管理员在对公司门户网站（www.***.cn）巡检时，在访问日志中发现如下入侵记录：
2018-07-10 21:07:44 202.197.1.1 访问 www.***.cn/manager/html/start?path=<script>alert(/scanner)</script>，该入侵为__(66)__攻击，应配备__(67)__设备进行防护。

(66) A．远程命令执行　　B．跨站脚本（XSS）　　C．SQL 注入　　D．Http Heads

(67) A．数据库审计系统　　　　　　　　B．堡垒机

　　　C．漏洞扫描系统　　　　　　　　　D．Web 应用防火墙

● 如下图所示，某公司甲、乙两地通过建立 IPSec VPN 隧道，实现主机 A 和主机 B 的互相访问，VPN 隧道协商成功后，甲乙两地访问互联网均正常，但从主机 A 到主机 B ping 不正常，原因可能是__(68)__、__(69)__。

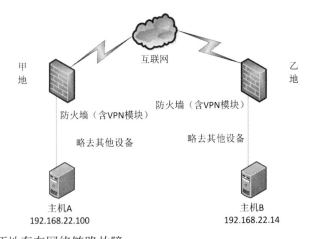

(68) A．甲乙两地存在网络链路故障

  B．甲乙两地防火墙未配置虚拟路由或者虚拟路由配置错误

  C．甲乙两地防火墙策略路由配置错误

  D．甲乙两地防火墙互联网接口配置错误

（69）A．甲乙两地防火墙未配置 NAT 转换

  B．甲乙两地防火墙未配置合理的访问控制策略

  C．甲乙两地防火墙的 VPN 配置中未使用野蛮模式

  D．甲乙两地防火墙 NAT 转换中未排除主机 A/B 的 IP 地址

● 构件组装成软件系统的过程可以分为　(70)　3 个不同的层次。

  (70) A．初始化、互连和集成   B．连接、集成和演化

     C．定制、集成和扩展   D．集成、扩展和演化

● Anytime a host or a router has an IP datagram to send to another host or router, it has the 　(71)　 address of the receiver. This address is obtained from the DNS if the sender is the host or it is found in a routing table if the sender is a router. But the IP datagram must be　(72)　in a frame to be able to pass through the physical network. This means that the sender needs the 　(73)　address of the receiver. The host or the router sends an ARP query packet. The packet includes the physical and IP addresses of the sender and the IP address of the receiver. Because the sender does not know the physical address of the receiver, the query is　(74)　 over the network. Every host or router on the network receives and processes the ARP query packet, but only the intended recipient recognizes its IP address and sends back an ARP response packet.The response packet contains the recipient's IP and physical addresses. The packet is　(75)　 directly to the inquirer by using the physical address received in the query packet.

  (71) A．port   B．hardware   C．physical   D．logical

  (72) A．extracted   B．encapsulated   C．decapsulated   D．decomposed

  (73) A．local   B．network   C．physical   D．logical

  (74) A．multicast   B．unicast   C．broadcast   D．multiple unicast

  (75) A．multicast   B．unicast   C．broadcast   D．multiple unicast

网络规划设计师机考试卷 第5套
案例分析卷

试题一（共25分）

阅读以下说明，回答【问题1】至【问题4】。

【说明】某居民小区光纤到大楼（FTTB）+HGW 网络拓扑如图 1-1 所示。GPON OLT 部署在汇聚机房，通过聚合方式接入到城域网；ONU 部署在居民楼楼道交接箱里，通过用户家中部署的 LAN 上行的 HGW 来提供业务接入接口。

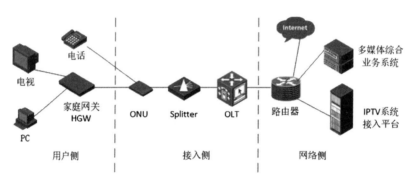

图 1-1 某居民小区光纤到大楼（FTTB）+HGW 网络拓扑图

HGW 通过 ETH 接口上行至 ONU 设备，下行通过 FE/WiFi 接口为用户提供 Internet 业务，通过 FE 接口为用户提供 IPTV 业务。

HGW 提供 PPPoE 拨号、网络地址转换（NAT）等功能，可以实现家庭内部多台 PC 共享上网。

【问题1】（8分）

1．对网络进行 QoS 规划时，划分了语音业务、管理业务、IPTV 业务及上网业务，其中优先级最高的是___(1)___，优先级最低的是___(2)___。

2．通常情况下，一路语音业务所需的带宽应达到或接近___(3)___ kb/s，一路高清 IPTV 所需的带宽应达到或接近___(4)___ Mb/s。

（3）～（4）备选答案：

A．100　　　　B．10　　　　C．1000　　　　D．50

3．简述上网业务数据规划的原则。

【问题2】（10分）

小区用户上网业务需要配置的内容包括 OLT、ONU、家庭网关 HGW，其中：

1．在家庭网关 HGW 上配置的有___(5)___ 和___(6)___。

2. 在ONU上配置的有__(7)__、__(8)__、__(9)__和__(10)__。
3. 在OLT上配置的有__(11)__、__(12)__、__(13)__和__(14)__。
（5）～（14）备选答案：

A．语音业务　　　　　　　　　　B．上网业务
C．IPTV业务　　　　　　　　　　D．聚合、拥塞控制及安全策略
E．增加ONU　　　　　　　　　　F．OLT和ONU之间的业务通道
G．OLT和ONU之间的管理通道

【问题3】（3分）
某OLT上的配置命令如下所示。
步骤1：

```
huawei(config)#vlan 8 smart
huawei(config)#port vlan 8 0/19 0
huawei(config)#vlan priority 8 6
huawei(config)#interface vlanif 8
huawei(config-if-vlanif8)#ip address 192.168.50.1   24
huawei(config-if-vlanif8)#quit
```

步骤2：

```
huawei(config)#interface gpon 0/2    注释:ONU通过分光器接在GPON端口0/2/1下
huawei(config-if-gpon-0/2)#ont ipconfig  1   1   static  ip-address  192.168.50.2   mask  255.255.255.0  gateway 192.168.50.254 vlan 8
huawei(config-if-gpon-0/2)#quit
```

步骤3：

```
Huawei(config)#service-port 1 vlan 8 gpon 0/2/1   ont 1 gemport 11 multi-service user-vlan 8 rx-cttr  6 tx-cttr 6
```

简要说明步骤1～3命令片段实现的功能。
步骤1：__(15)__。
步骤2：__(16)__。
步骤3：__(17)__。

【问题4】（4分）
在该网络中，用户的语音业务（电话）的上联设备是ONU，采用H.248语音协议，通过运营的__(18)__接口和语音业务隧道接入网络侧的__(19)__。

试题二（共25分）

阅读下列说明，回答【问题1】至【问题4】。

【说明】图2-1所示为某台服务器的独立冗余磁盘阵列（Redundant Array of Independent Disk，RAID）示意图，一般进行RAID配置时会根据业务需求设置相应的RAID条带深度和大小，本服务器由4块磁盘组成，其中P表示校验段、D表示数据段，每个数据块为4KB，每个条带在一个磁盘上的数据段包括4个数据块。

【问题1】（6分）
图2-1所示的RAID方式是__(1)__，该RAID最多允许坏__(2)__块磁盘而数据不丢失，通过增加__(3)__盘可以减小磁盘故障对数据安全的影响。

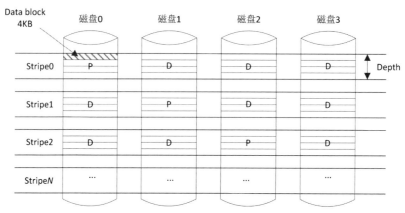

图2-1 某台服务器的独立冗余磁盘阵列示意图

【问题2】(5分)

1. 图2-1中,RAID的条带深度是___(4)___KB,块大小是___(5)___KB。
2. 简述该RAID方式的条带深度大小对性能的影响。

【问题3】(7分)

图2-1所示的RAID方式最多可以并发___(6)___个IO写操作,通过___(7)___措施可以提高最大并发数,其原因是___(8)___。

【问题4】(7分)

某天,管理员发现该服务器的磁盘0故障报警,管理员立即采取相应措施进行处理。

1. 管理员应采取什么措施?
2. 假设磁盘0被分配了80%的空间,则在RAID重构时,未被分配的20%空间是否参与重构?请说明原因。

试题三(共25分)

阅读下列说明,回答【问题1】至【问题4】。

【说明】图3-1为某公司拟建数据中心的简要拓扑图,该数据中心安全规划设计要求符合信息安全等级保护(三级)的相关要求。

【问题1】(9分)

1. 在信息安全规划和设计时,一般通过划分安全域实现业务的正常运行和安全的有效保障,结合该公司的实际情况,数据中心应该合理地划分为___(1)___、___(2)___、___(3)___3个安全域。
2. 为了实现不同区域的边界防范和隔离,在图3-1的设备①处应部署___(4)___设备,通过基于HTTP/HTTPS的安全策略进行网站等Web应用防护,对攻击进行检测和阻断;在设备②处应部署___(5)___设备,通过有效的访问控制策略,对数据库区域进行安全防护;在设备③处应部署___(6)___设备,定期对数据中心内服务器等关键设备进行扫描,及时发现安全漏洞和威胁,可供修复和完善。

【问题2】(6分)

信息安全管理一般从安全管理制度、安全管理机构、人员安全管理、系统建设管理及系统运维管理等方面进行安全管理规划和建设。其中应急预案的制定和演练、安全事件处理属于__(7)__方面；人员录用、安全教育和培训属于__(8)__方面；制定信息安全方针与策略和日常操作规程属于__(9)__方面；设立信息安全工作领导小组，明确安全管理职能部门的职责和分工属于__(10)__方面。

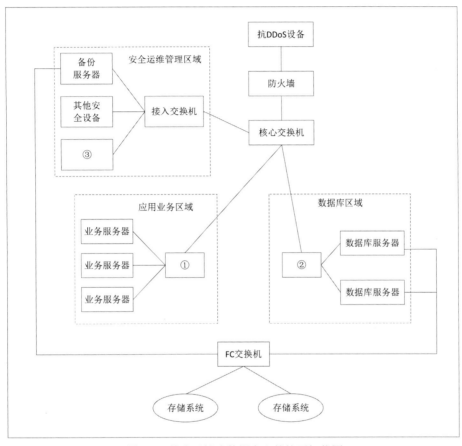

图 3-1　某公司拟建数据中心的简要拓扑图

【问题 3】（4 分）

随着分布式拒绝服务（Distributed Denial of Service，DDoS）攻击的技术门槛越来越低，使其成为网络安全中最常见、最难防御的攻击之一，其主要目的是让攻击目标无法提供正常服务。请列举常用的 DDoS 攻击防范方法。

【问题 4】（6 分）

随着计算机相关技术的快速发展，简要说明未来十年网络安全的主要应用方向。

网络规划设计师机考试卷　第 5 套
论文

网络升级与改造中设备的重用

随着技术的更新与业务的增长，网络的升级与改造无处不在。网络的升级与改造过程中，已有设备的重用尤为重要，结合参与设计的系统并加以评估，写出一篇具有自己特色的论文。

（1）实际重建的系统叙述。
（2）网络拓扑、传输系统和经费预算。
（3）系统升级的原因，重点考虑内容。
（4）设备的选型、重用设备统计及原因叙述。
（5）系统的性能以及因重用造成的局限。

网络规划设计师机考试卷 第5套
综合知识卷参考答案与试题解析

（1）**参考答案**：C

试题解析 程序计数器（PC）用于存放下一条指令所在单元的地址。

执行一条指令时，首先执行"取指令"。即根据程序计数器（PC）存放的指令地址，将指令由内存存取到指令寄存器中。此时，PC 的值自动加 1 或由转移指针给出下一条指令的地址。之后，再分析指令，执行指令。

第一条指令执行完毕，则根据 PC 取第二条指令。往复循环，直到所有指令执行完毕。

（2）**参考答案**：C

试题解析 地址寄存器用于存储内存地址，是存储器寻址时使用的寄存器，不是构成运算器的部件。

（3）**参考答案**：A

试题解析 I/O、CPU、MEM 三者是串联的，所以系统的可靠性是三者可靠性的乘积：$R_1 \times R_2 \times R_3$。

（4）**参考答案**：D

试题解析 设备驱动程序（Device Driver）是一种可以使计算机和设备通信的特殊程序。是直接与硬件打交道的软件。

（5）**参考答案**：D

试题解析 系统最多只允许 2 个进程进入互斥资源，所以信号量 S 的初值也是最大值是 2。系统有 6 个进程要使用互斥资源 R，则每出现一个进程申请访问互斥资源会执行 P 原语操作，信号量 S 减 1，所以 S 最小值为 2-6=-4。

（6）（7）**参考答案**：D A

试题解析 HFC 本质是一种以频分复用技术为基础，综合应用模拟和数字传输技术、光纤和同轴电缆技术，射频调制和解调的接入网络。在 HFC 网络中，Internet 接入是依据时隙申请，并给出时隙授权，才能发送数据，这种方式属于 STDM（统计时分复用）。HFC 中，向用户传播信号成为下行信号，用户向外发送的信号称为上行信号。上行信道的数据包括时隙请求和用户发送到 Internet 的数据，下行信道的数据包括电视信号数据、时隙授权以及 Internet 发送给用户的应用数据。

（8）（9）**参考答案**：D B

试题解析 1）求分组数。

传输的分组大小为 1500 字节，分组首部大小为 20 字节，主机 H1 向主机 H2 发送一个大小为 296000 字节的文件，需要 X 个分组。

$1500X=296000+20X$，$X=200$ 个分组。

2）发送数据时间。

总数据量÷链路速率=(1500×200×8)b÷100Mb/s=24ms。

3）一个分组数据从 R1 传输到 H2 的时间。

一个分组数据在一台路由器上的发送时间=1500B÷100Mb/s=0.12ms

若路由器均运行 RIP 协议：RIP 走的路径是 R1-R3-R6，路由器之间的链路代价为路由器接口输出队列中排队的分组个数，说明该 R1-R3-R6 路径上一共有 9 个包，则总时间=24ms+0.12ms×9=25.08ms。

若路由器均运行 OSPF 协议：OSPF 的一个分组走最短路径 R1-R2-R5-R4-R6-H2，所以一个分组数据从 R1 传输到 H2 的时间=0.12ms×5=0.6ms。则总时间=24ms+0.6ms=24.6ms。

（10）**参考答案**：C

试题解析 CNAME：规范名为资源记录，允许多个名称对应同一主机。

NS：域名服务器记录，指明该域名由哪台服务器来解析。

（11）（12）**参考答案**：A C

试题解析 软件系统文档可以分为用户文档和系统文档两类。用户文档用于描述系统功能与使用方法；系统文档描述系统设计、实现和测试等方面的内容。

（13）**参考答案**：B

试题解析 敏捷软件开发是一种软件开发方法。

1）敏捷开发方法是"适应性"而非"预设性"。

比如土木工程项目，往往需求和建设要求相对固定，所以此类项目通常强调施工前的设计规划。后期，施工方可完全按图纸分工、施工，但这种方法很难适应变化。

而敏捷方法则是欢迎变化，甚至可以改变自身来适应变化，所以是一种适应性方法。

2）敏捷开发方法是"面向人"而非"面向过程"。

在传统软件开发的工作中，需要以个人的能力去适应角色，个人以资源的方式被分配给角色，同时，资源是可以替代的，而角色不可以替代。

敏捷开发认为人是第一位的，过程是第二位的。敏捷开发试图充分发挥人的创造能力。

（14）**参考答案**：A

试题解析 盈亏平衡点（Break Even Point，BEP）通常是指全部销售收入等于全部成本时（销售收入线与总成本线的交点）的产量。

单件产品税后收入=2500×(1−16%)=2100 元

单件产品边际成本=可变成本总额/总销量=40000000 元/25000=1600 元

单件产品边际利润=单件产品税后收入−单件产品边际成本=2100−1600=500 元

盈亏平衡点产量=固定成本/单件产品边际利润=2500000 元/500=5000 台。

（15）**参考答案**：B

试题解析 《中华人民共和国著作权法》第二十二条 作者的署名权、修改权、保护作品完整权的保护期不受限制。

（16）**参考答案**：A

💡**试题解析** 网络安全审查是依据《中华人民共和国国家安全法》《中华人民共和国网络安全法》开展的一项工作。

（17）**参考答案**：A

💡**试题解析** Android 系统架构如下图所示。

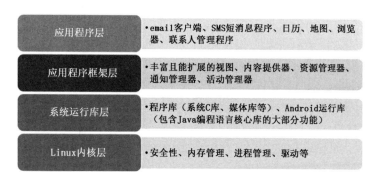

（18）（19）（20）**参考答案**：B　A　D

💡**试题解析** 完整性是信息只能被得到允许的人修改，并且能够被判别是否已被篡改过。同时一个系统也应该按其原来规定的功能运行，不被非授权者操纵。

拒绝服务是利用大量合法的请求占用大量网络资源，以达到瘫痪网络、设备的目的。

业务流分析是通过对系统进行长期监听，利用统计分析方法对诸如通信频度、通信的信息流向、通信总量的变化等参数进行研究，从中发现有价值的信息和规律。

（21）**参考答案**：A

💡**试题解析** IP 数据报头部长度（Internet Header Length，IHL）为 4 位。该字段表示数的单位是 32 位，即 4 字节。常用的值是 5，也是可取的最小值，表示报头为 20 字节；可取的最大值是 15，表示报头为 60 字节。

（22）**参考答案**：C

💡**试题解析** 数据分为两种，一种是带内数据，一种是带外数据。带内数据就是平常传输的数据。带外数据（又称经加速数据），就是连接的某段发生了重要的事情，希望迅速地通知给对端。如果传输带外数据需要将 URG 置为 1。紧急（URG）表示紧急有效，需要尽快传送。

（23）**参考答案**：C

💡**试题解析** DHCP 客户端收到 DHCPACK 应答报文后，发现地址冲突或者地址不可用，则向 DHCP 服务器发送 DECLINE 报文。

（24）（25）**参考答案**：A　C

💡**试题解析** 202.118.37.192/26 转换为二进制表示 11001010.1110110.100101.11000000，6 位的主机位全 0，所以为网络地址。192.117.17.255/22 主机位既不是全 0，也不是全 1，所以是主机地址。

（26）（27）**参考答案**：C　C

💡**试题解析** 1）将 192.168.0.0/24 分为两个子网，每个子网 128 个地址。其中，一个子网给部门 1。因此，产生两种方案。

2）剩下子网，分为两个子网，每个子网 64 个地址。其中，一个子网给部门 2。因此，产生两种方案。

3）剩下子网，分为两个子网，每个子网 32 个地址。其中，一个子网给部门 3。因此，产生两种方案。

4）剩下子网，分为两个子网，每个子网 16 个地址。每个子网分别给部门 4 和部门 5。因此，产生两种方案。

所以，总共方案有 2×2×2×2=16 种方案。

部门 3 有 32 个地址，主机位为 5，所以掩码为 27。

（28）**参考答案**：A

📢**试题解析** 一个主机用组播协议向 n 个成员发送相同的数据时，只需发送 1 次。

（29）**参考答案**：D

📢**试题解析** 在 BGP4 协议中，当出现故障时采用 notification 报文发送给邻居。

（30）**参考答案**：B

📢**试题解析** 转发域名服务器接收本地域名服务器域名查询请求，首先查询自身缓存，如果找不到对应的结果，则交由转发域名服务器查询。

（31）（32）**参考答案**：A C

📢**试题解析** 华为路由默认优先级为：DIRECT 0，OSPF 10，IS-IS 15，STATIC 60，RIP 100，OSPF ASE 150，EBGP 170，UNKNOWN 255。有些资料是按思科设备选 D，在这并不合适。

所以最可靠的是直连路由，最不可靠的是外部 BGP。

（33）**参考答案**：D

📢**试题解析** 位于主干区域 0 中的路由器称为主干路由器；将区域 0 和其他区域连接起来的路由器称为区域边界路由器（ABR），所以 R7 为区域边界路由器；负责重分发来自其他路由器选择协议的路由选择信息的 OSPF 路由器称为自治系统边界路由器（ASBR），R6 连接外网是自治系统边界路由器。

（34）**参考答案**：B

📢**试题解析** SOA 记录表明了 DNS 服务器之间的关系。SOA 记录表明了谁是这个区域的所有者，区域的所有者就是谁对这个区域有修改权利。SOA 记录设置一些数据版本和更新以及过期时间的信息。

常见的 DNS 服务器只能创建一个标准区域，然后可以创建很多个辅助区域。标准区域是可以读写修改的，而辅助区域只能通过标准区域复制来完成，不能在辅助区域中进行修改。

NS 指明了区域授权域名服务器，用来指定该域名由哪个 DNS 服务器来进行解析。

（35）**参考答案**：B

📢**试题解析** 需求分析阶段不涉及通信规范；物理网络设计阶段不涉及 IP 地址方案；安装和维护阶段不涉及设备和部件清单的确定。

（36）（37）**参考答案**：C B

📢**试题解析** 方案一往往依据流量、连接数来进行负载均衡，方案二使用双活数据库，并发能力更强；双活工作模式中两台服务器都处于活跃状态，单活模式下，热备服务器需要监控活跃服务器并实现数据同步。

(38)(39)(40) **参考答案**：A B C

🔸**试题解析**　初期考虑到项目组位置固定且有一定的人员流动，搭建实验室局域网时宜采用 VLAN 划分方法是基于交换机端口的 VLAN 划分。

随着项目进展及人员流动加剧，项目组区域已经不再适合基于区域聚集原则进行划分，要求人员的设备能随时加入到不同的 VLAN，因此可采用基于 MAC 地址的 VLAN 划分方法。

三层交换机也需要对所有的 VLAN 数据包进行解封和重新封装操作。

(41) **参考答案**：B

🔸**试题解析**　证书包含使用者公钥，CA 用自己私钥对证书进行签名以防止证书被篡改。

(42)(43) **参考答案**：C B

🔸**试题解析**　消息摘要的目的是防止发送信息被篡改；发送方用自己的私钥对报文摘要进行加密是进行数字签名，防止抵赖。

(44) **参考答案**：A

🔸**试题解析**　PKI 的中文全称是"公钥基础设施"；Kerberos 按单钥（对称密钥）体制设计；Kerberos 认证服务没有 CA 服务器，只有 AS 和 TGS 服务器。

(45)(46) **参考答案**：C B

🔸**试题解析**　SSL 协议主要包括 SSL 记录协议、SSL 握手协议、SSL 告警协议及 SSL 修改密文协议等。握手协议用于产生会话状态的密码参数，协商加密算法及密钥等。

(47) **参考答案**：B

🔸**试题解析**　下行链路衰减值=光纤线路衰减+热熔连接点衰减+分光比衰减+光纤长度冗余衰减=5×0.3+3×0.1+10.3+1=13.1。

(48) **参考答案**：A

🔸**试题解析**　BGP 的选路原则如下：

1）优先选取具有最大权重（weight）值的路径，权重是 Cisco 专有属性。
2）如果权重值相同，优先选取具有最高本地优先级的路由。
3）如果本地优先级相同，优先选取本地路由（下一跳为 0.0.0.0）上的 BGP 路由。
4）如果本地优先级相同，并且没有源自本路由器的路由，优先选取具有最短 AS 路径的路由。
5）如果具有相同的 AS 路径长度，优先选取具有最低源代码的路由。
6）如果起源代码相同，优先选取具有最低 MED 值的路径。
7）如果 MED 都相同，在 EBGP 路由和联盟 EBGP 路由中，首选 EBGP 路由，在联盟 EBGP 路由和 IBGP 路由中，首选联盟 EBGP 路由。
8）如果前面所有属性都相同，优先选取离 IGP 邻居最近的路径。
9）如果内部路径也相同，优先选取最低 BGP 路由器 ID 的路径。

规则"路由 M 的 AS-Path 比 N 短"优先于规则"路由 NMED 比 M 小"，所以路由 M 最优。

(49) **参考答案**：D

🔸**试题解析**　共享权限和 NTFS 权限的联系和区别如下：

1）共享权限是基于文件夹的，即只可在文件夹上设置共享权限，不能在文件上设置共享权限；

NTFS 权限是基于文件的，即可在文件夹和文件上设置。

2）共享权限只针对网络访问的用户访问共享文件夹时才起作用，如果用户是本地登录计算机则共享权限不起作用；NTFS 权限无论用户是通过网络还是本地登录使用文件都会起作用，**只不过当用户通过网络访问文件时，它会与共享权限联合起作用，规则是取最严格的权限设置。**比如：共享权限为只读，NTFS 权限是写入，那么最终权限是完全拒绝，即两个权限的交集为完全拒绝。

3）共享权限与文件操作系统无关，只要设置共享就能够应用共享权限；NTFS 权限必须是 NTFS 文件系统，否则不起作用。

（50）**参考答案**：A

试题解析　略。

（51）**参考答案**：B

试题解析　SSD 固态硬盘可作为移动硬盘。

（52）**参考答案**：B

试题解析　账户锁定策略：用户在指定时间内输入错误密码的次数达到了相应的次数（这个次数是自己设置的，即"账户锁定阈值"），账户锁定策略就会将该用户禁用。该策略可以防止攻击者猜测用户密码，提高用户的安全性。

（53）**参考答案**：B

试题解析　标准意味着较为可靠与稳定。

（54）（55）**参考答案**：B　A

试题解析　查看 OSPF 进程下路由计算的统计信息是 display ospf spf-satistics，查看 OSPF 邻居状态信息是 display ospf peer。

（56）**参考答案**：A

试题解析　略。

（57）**参考答案**：D

试题解析　RAID0 没有数据冗余。

（58）**参考答案**：C

试题解析　物理网络设计阶段的任务是确定物理的网络结构。

（59）**参考答案**：D

试题解析　以太网数据部分的大小为 46～1500 字节，由于数据帧范围为 64～1518 字节，所以最大的传输效率为 1500/1518=98.8%。

（60）**参考答案**：A

试题解析　对于交换机，测试工具在发送端口产生 100%满线速流量；对于 HUB，测试工具在发送端口产生 50% 的线速流量。

（61）**参考答案**：C

试题解析　工作区子系统包含终端设备到信息插座的整个区域。

（62）（63）**参考答案**：A　D

试题解析　光纤指标包含波长窗口参数、光纤布线链路的最大衰减值、光回波损耗。光时域反射仪可在光纤的一端测得光纤的损耗。

（64）**参考答案**：D

试题解析　施工中光缆的弯折角度不应该小于90°。

（65）**参考答案**：C

试题解析　交换机不会中病毒。

（66）（67）**参考答案**：B　D

试题解析　程序没有经过过滤等安全措施，则它将会很容易受到攻击，被植入了反射型的跨站脚本。通过入侵记录发现，访问链接被植入了"<script>alert(/scanner)</script>"一段代码。对付这类攻击的办法就是部署Web应用防火墙（WAF）。

（68）（69）**参考答案**：B　D

试题解析　VPN隧道协商成功、甲乙两地访问互联网则说明甲乙两地防火墙可能未配置虚拟路由或者虚拟路由配置错误；甲乙两地防火墙NAT转换中未排除主机A/B的IP地址，可能引发主机A到主机B ping不正常，但VPN协商成功。

（70）**参考答案**：C

试题解析　构件组装成软件系统的过程可以分为3个不同的层次：定制、集成和扩展。

（71）（72）（73）（74）（75）**参考答案**：D　B　C　C　B

试题翻译　任何时候主机或路由器要发送IP数据报给另一主机或路由器时，都需要知道接收方的**逻辑**地址。发送主机从DNS获得该地址，发送路由器则在路由表中找到该地址。但IP数据报必须**封装**在帧中才能通过物理网络。这意味着发送者需要知道接收者的**物理**地址。主机或路由器需发送ARP查询报文，该报文分组包含发送者的物理地址和IP地址及接收者的IP地址。这是因为发送者不知道接收者的物理地址，所以需在全网**广播**报文。网络上的每个主机或路由器都能接收并处理该ARP查询报文，但只有预期的接收者识别其IP地址并响应该ARP报文。响应报文包含接收者的IP地址和物理地址，包含了接收者物理地址的响应报文分组通过**单播**的方式直接发送给发送者。

（71）A．端口　　　　B．硬件　　　　C．物理　　　　D．逻辑
（72）A．提取　　　　B．封装　　　　C．解封装　　　D．分解
（73）A．本地　　　　B．网络　　　　C．物理　　　　D．逻辑
（74）A．组播　　　　B．单播　　　　C．广播　　　　D．多播
（75）A．组播　　　　B．单播　　　　C．广播　　　　D．多播

网络规划设计师机考试卷 第5套
案例分析卷参考答案与试题解析

试题一

【问题1】参考答案

1. （1）管理业务　　（2）Internet 业务
2. （3）A　　（4）B
3. （1）提升带宽、业务等级划分、树立差异化优势。
   （2）安全、可靠、QoS 等方面保证业务需求。
   （3）保持数据一致，即互联端口物理参数匹配，宽带业务 VLAN 统一规划。

试题解析　在优先级设置中，优先级可以按 Internet 业务、IPTV、VoIP、管理业务从低到高依次进行。在传输一路语音信息时，上下行所需的带宽是 100kb/s，因此合适的答案是 100kb/s。IPTV 占用的带宽相对较高，高清视频流通常需要 6～10Mb/s 下行带宽，上行带宽需要 50kb/s。

【问题2】参考答案

（5）B　　（6）C　　注：（5）和（6）答案可以交换位置
（7）A　　（8）B　　（9）C　　（10）D　　注：（7）～（10）答案可以交换位置
（11）D　　（12）E　　（13）F　　（14）G　　注：（11）和（14）答案可以交换位置

试题解析　从题干中可以知道，家庭网关 HGW 主要是为宽带和电视服务，因此它配置的主要业务就是上网业务和 IPTV 业务。

ONU 配置的业务有：上网业务，语音业务，IPTV 业务（VoD 组播），聚合、拥塞控制及安全策略。

OLT 配置的业务有：在 OLT 上增加 ONU，OLT 和 ONU 之间的业务通道、OLT 和 ONU 之间的管理通道，聚合、拥塞控制及安全策略。

【问题3】参考答案

（15）配置 OLT 的带内管理 VLAN 和 IP 地址。
（16）配置 ONU 的带内管理 VLAN 和 IP 地址。
（17）配置带内管理业务流。

试题解析　本题相对比较容易，根据相关的配置命令解释其作用。实际答题时只需要将这些配置命令所做的主要工作加以说明即可。

【问题4】参考答案

（18）MG 或媒体网关　　（19）MGC 媒体网关控制器

试题解析　在这个网络中，用户的语音业务上联的设备是 ONU，ONU 通过运营商的媒体网关接口和语音隧道进入网络侧的 MGC 媒体网关控制器。

试题二

【问题 1】参考答案

（1）RAID5　　（2）1 块　　（3）热备

试题解析　RAID5 具有独立的数据磁盘和分布校验块的磁盘阵列，无专门的校验盘，常用于 I/O 较频繁的事务处理上。RAID5 可以为系统提供数据安全保障，虽然可靠性比 RAID1 低，但是磁盘空间利用率要比 RAID1 高。RAID5 具有与 RAID0 近似的数据读取速度，只是多了一个奇偶校验信息，写入数据的速度比对单个磁盘进行写入操作的速度稍慢。**磁盘利用率=$(n–1)/n×100\%$**，其中 n 为 RAID 中的磁盘总数。实现 RAID5 至少需要 3 块硬盘。

RAID5 将数据分别存储在 RAID 各硬盘中，因此硬盘越多，并发数越大。

HotSpare 盘（热备盘）是在建立 RAID 的时候，指定一块空闲、加电并待机的磁盘为热备盘。热备盘平常不操作，当某一个正在使用的磁盘发生故障后，该磁盘将马上代替故障盘，并自动将故障盘的数据重构在热备盘上。

【问题 2】参考答案

1．（4）16　　（5）64

2．减小条带大小：由于条带大小减小了，则文件被分成了更多、更小的数据块。因为数据会被分散到更多的硬盘上存储，因此提高了传输的性能，但是由于要多次寻找不同的数据块，磁盘定位的性能就下降了。

增加条带大小：与减小条带大小正好相反，增加条带大小会降低传输性能，提高定位性能。

试题解析　条带深度就是一个 segment 所包含数据块或者扇区的个数或者字节容量。本题条带深度=数据块大小×条带所在单块磁盘数据块数=4KB×4=16KB。

条带长度=条带深度×条带经过的所有磁盘数=16KB×4=64KB。

【问题 3】参考答案

（6）2　　（7）增加磁盘

（8）RAID5 将数据分别存储在 RAID 组的各硬盘中，因此硬盘越多，并发数越大。

试题解析　RAID5 中最低需要 4 块盘才能实现写并发。其中，两块盘写数据，另外两块盘写校验数据。RAID5 将数据分别存储在 RAID 组的各硬盘中，因此硬盘越多，并发数越大。

【问题 4】参考答案

1．更换同型号、同容量的硬盘。

2．参与重构。RAID5 重构是整盘重构，包含磁盘所有空间。

试题解析　RAID 组一块磁盘故障报警，应及时更换故障磁盘。

试题三

【问题 1】参考答案

（1）核心数据域　　（2）核心业务域　　（3）安全管理域　　注：（1）～（3）不分位置。

（4）WAF　　（5）防火墙　　（6）漏洞扫描或者威胁感知

试题解析 在信息安全规划和设计时,一般通过划分安全域实现业务的正常运行和安全的有效保障,结合该公司的实际情况,数据中心应该合理地划分为核心数据域、核心业务域和安全管理域 3 个安全域。

适合 Web 应用防护的是 WAF 设备;适合对服务器区进行访问控制的是防火墙设备;适合进行服务器等关键设备进行扫描,及时发现安全漏洞和威胁的是漏洞扫描设备。

【问题 2】参考答案

(7)系统运维管理 (8)人员安全管理 (9)安全管理制度 (10)安全管理机构

试题解析 本题考查基本概念。

【问题 3】参考答案

常用的 DDoS 攻击防范的方法:①购买运营商流量清洗服务;②采购防 DDoS 设备;③修复系统漏洞,关闭不必要开放的端口;④购买云加速服务;⑤增加出口带宽,提升硬件性能;⑥ CDN 加速。

试题解析 略。

【问题 4】参考答案

网络安全的主要应用方向:①IPv6 网络安全;②工控网络安全;③云安全;④人工智能安全;⑤量子加密。

试题解析 略。

网络规划设计师机考试卷 第 5 套
论文参考范文

摘要：

2021 年 4 月，某市广播电视台为推进融媒体建设，整合媒体资源，决定投入资金 650 万元，启动全网升级改造项目。我作为该广播电视台的技术部主任，全面负责该项目的规划和设计工作。原广播电视台网络存在网络架构不合理、管理难度大、网络可靠性低、网络安全隐患多等问题。我根据现有业务的开展及未来的扩展情况，重新规划了网络架构，整合了网络资源。新网络采用标准的三层架构，通过新增防火墙和核心交换机等设备来提高网络的安全性和可靠性。通过规划 VLAN、设置策略等手段大大地提高管理网络的效率。同时，对原有可利用的设备进行重用也是该项目规划建设的重点考虑内容，设备重用能避免资源的浪费，减少资金的投入。该项目经过 7 个月的建设后投入使用，建设效果达到预期要求，获得了领导和同事的一致好评。

正文：

2021 年 4 月，某市广播电视台为响应党中央的"媒体融合"的号召，推进融媒体建设，整合媒体资源，实现传统媒体和新媒体的融合，决定投入资金 650 万元，启动对全台网络的升级改造项目。我作为本台的技术骨干，全面负责该项目的规划和改造建设工作。针对原有网络存在的各种问题进行改造，包括架构设计不合理、管理难度大、网络可靠性低、网络安全隐患多、信息共享难、终端日益增加及无线接入管理等问题。同时，为了改造过程中不影响其他业务的正常开展，我们在充分考虑网络的安全性、扩展性、可靠性和经济性后，详细规划了改造方案。网络升级改造项目方案采用标准的三层架构，分期分批进行各个环节的改造。项目于 2021 年 11 月完成建设，并达到预期要求。

一、原有网络问题分析及重建网络方案

随着终端设备的增多，越来越多的设备采用无线接入方式。同时，由于原有网络架构设计考虑不全、设备老化等原因，造成原有网络存在以下问题：

（1）核心网络为单点连接，可靠性低，扩展性差。

整个网络由一台单电源核心交换机和若干台普通交换机组成，形成单星形网络结构，存在严重的单点故障；原核心交换机虽有 48 口，但已经基本接满，无法有效扩展。

（2）接入的终端日益增多，管理难度日益增大，安全性低且无法满足无线接入的需要。

原有网络往往是几个办公室合用一台 24 口的交换机，随着设备的增多，24 口已经不够用；同时为满足无线接入的需求，在交换机上串接普通无线路由，因此经常造成 IP 地址冲突，导致多部门无法正常使用网络；这种情况发生后，查找问题源难度大，且安全隐患较多。

（3）内部网络缺乏安全防护。

内部网络的 Web 服务器缺乏安全防护，只有一些基本的安全措施，比如服务器上安装防病毒软件、关闭不必要的服务端口等。这种状态下，内部服务器难以抵御外部攻击。内部办公网站和稿件系统等每个应用分别安装在某台物理服务器上，可靠性低。若这台物理服务器出现故障，则运行在服务器之上的所有业务均无法运行。

（4）信息孤岛多，共享难度大。

媒体资源系统独立成网，与外网完全隔离。外网采编人员采用媒体资源资料时需重新进行视频采集，在这种模式下，工作效率极其低下。

针对上述的情况，我根据网络的安全性、扩展性、可靠性和经济性等原则进行网络的升级与改造。新建网络采用标准的三层架构，核心层采用华为 CloudEngine16800 交换机，加载双电源和 AC 控制模块；汇聚层采用 4 台华为 CloudEngine5730 交换机，每两台汇聚层交换机互为热备；接入层采用 12 台华为 S3300 交换机作为接入层交换机；另外，购置两台华为 USG6680 的防火墙，上连两条不同运营商的路由器，两台防火墙设置互为热备模式。

新建网络由原来的二层架构更改为三层架构，提高了网络的可拓展性，核心交换机上接线数量大大减少。通过在汇聚层交换机配置策略，保证有业务需求的部门能够进行互访，无业务需求的部门间确保隔离，这也减轻了核心交换机的压力，保证其高速转发的性能。核心层和汇聚层都采用设备双活、链路聚合的方案保证网络的可靠性，避免出现单点故障导致网络断开的情况。

我将全台 40 多个部门的 IP 地址重新统一规划。不同部门的 IP 地址处于不同的 VLAN 上。每个 VLAN 网段的前 50 个地址为 DHCP 保留地址位，用于分配给网络打印机和资料共享电脑；其他电脑则通过 DHCP 自动获取 IP 地址。各个 VLAN 根据部门特点和需求设置相应的路由策略和流量控制，一一解决网络孤岛的问题。同时，在新闻编辑区和部分办公室部署接入 AP 设备，通过设置统一的 SSID 和 WAP 密码，并在交换机开启 DHCP Snooping 功能，严格过滤不合法的 DHCP 报文，提高无线网络接入的安全性。

承载对外服务包括办公网站和稿件系统等服务器迁移至防火墙的 DMZ 区域，统一进行防护。通过设置虚拟资源池，将应用迁移到虚拟机上，部署虚拟机动态迁移技术，当服务器出现故障时，可以保证业务的连续性，并且合理利用服务器资源，避免出现一些资源分配不均的情况。

二、新网络架构中的原有设备重用

为保护原有资产的投入，避免资源的浪费，我们在对原有设备的重用上，也做了认真的规划。我们的设备重用原则是在保障新网络架构稳定、高效率的同时，尽可能减少资金的投入。因此，原有网络中的 1 台思科 4507 核心交换机、10 台思科 2900 接入交换机、6 台服务器和 1 台存储阵列柜在新网络中将继续使用。

思科 4507 核心交换机成为主核心交换机的备用设备，同时配置上保持一致，当主交换机出现故障时，备用思科 4507 核心交换机能迅速接替工作。

旧网中大部分接入交换机因使用年限较长，故障率较高，部分端口损坏而无法使用。我们挑选出较好的 10 台思科接入交换机，重新部署到了网络业务需求量较少的部门，比如后勤部和车辆部等地方。

原有的 6 台服务器和新增服务器统一组成虚拟服务器资源池，将办公网和稿件系统等业务系统迁移到虚拟服务器上，这样避免了单台物理服务器出现故障时，业务系统无法运行的情况发生。另外，将原有的一台存储阵列柜作为新阵列柜的备份，用于实时同步新阵列柜的数据。

三、设备重用的局限性分析

由于原有的核心交换机是思科品牌，与新购的华为核心交换机存在很大差异，不止配置命令不同，某些功能因版本问题也无法实现对接。交换机性能存在明显不足，给部署和运行维护上造成了不少的麻烦。管理人员要具备同时熟悉华为和思科的交换机命令的能力，这增加了一定的管理难度。

旧的存储阵列柜的容量只有 100T，远小于新的阵列柜 400T 的空间，因此只能同步备份比较重要的数据，无法实现全数据同步。我计划逐步更换旧阵列柜的硬盘，提升旧阵列柜的存储容量。

通过全面细致的设计以及全体成员的齐心协力，该项目通过了压力测试。项目于 2021 年 11 月投入使用，由于在成本、质量管理等方面都得到了很好的控制，全台的网络质量和安全有了大幅度的提升，且简化了网络管理工作，该项目获得了领导和同事的一致好评。

网络规划设计师机考试卷 模考卷
综合知识卷

- 项目管理是保证项目成功的核心手段，在项目实施过程中具有重大作用，项目开发计划是项目管理的重要元素，是项目实施的基础；__(1)__要确定哪些工作是项目应该做的，哪些工作不应该包含在项目中；__(2)__采用科学的方法，在与质量、成本目标等要素相协调的基础上按期实现项目目标。
  - （1）A. 进度管理　　　B. 风险管理　　　C. 范围管理　　　D. 配置管理
  - （2）A. 进度管理　　　B. 风险管理　　　C. 范围管理　　　D. 配置管理
- 在面向对象的系统中，对象是运行时的基本实体，对象之间通过传递__(3)__进行通信。__(4)__是对对象的抽象，对象是其具体实例。
  - （3）A. 对象　　　　　B. 封装　　　　　C. 类　　　　　　D. 消息
  - （4）A. 对象　　　　　B. 封装　　　　　C. 类　　　　　　D. 消息
- 我国陆续建成了"两网、一站、四库、十二金"工程为代表的国家级信息系统，其中的"一站"属于__(5)__电子政务模式。
  - （5）A. G2G　　　　　B. G2C　　　　　C. G2E　　　　　D. B2C
- 下面的网络中不属于分组交换网的是__(6)__。
  - （6）A. ATM　　　　　B. POTS　　　　　C. X.25　　　　　D. IPX/SPX
- ADSL 采用__(7)__技术把 PSTN 线路划分为话音、上行和下行独立的信道，同时提供话音和联网服务，ADSL2+技术可提供的最高下行速率达到__(8)__Mb/s。
  - （7）A. 时分复用　　　B. 频分复用　　　C. 空分复用　　　D. 码分多址
  - （8）A. 8　　　　　　B. 16　　　　　　C. 24　　　　　　D. 54
- 下列 4 组协议中，属于第 2 层隧道协议的是__(9)__，第 2 层隧道协议中必须要求 TCP/IP 支持的是__(10)__。
  - （9）A. PPTP 和 L2TP　B. PPTP 和 IPSec　C. L2TP 和 GRE　D. L2TP 和 IPSec
  - （10）A. IPSec　　　　B. PPTP　　　　　C. L2TP　　　　　D. GRE
- 数据封装的正确顺序是__(11)__。
  - （11）A. 数据、帧、分组、段、比特　　　　B. 段、数据、分组、帧、比特
  　　　　C. 数据、段、分组、帧、比特　　　　D. 数据、段、帧、分组、比特
- 点对点协议（PPP）中 NCP 的功能是__(12)__。
  - （12）A. 建立链路　　B. 封装多种协议　　C. 把分组转变成信元　　D. 建立连接
- 采用交换机进行局域网微分段的作用是__(13)__。
  - （13）A. 增加广播域　　B. 减少网络分段　　C. 增加冲突域　　D. 进行 VLAN 间转接

- 在生成树协议（STP）中，收敛的定义是指__（14）__。
  - （14）A．所有端口都转换到阻塞状态　　　　B．所有端口都转换到转发状态
  　　　　C．所有端口都处于转发状态或侦听状态　D．所有端口都处于转发状态或阻塞状态
- RIPv1 与 RIPv2 的区别是__（15）__。
  - （15）A．RIPv1 的最大跳数是 16，而 RIPv2 的最大跳数为 32
  　　　　B．RIPv1 是有类别的，而 RIPv2 是无类别的
  　　　　C．RIPv1 用跳数作为度量值，而 RIPv2 用跳数和带宽作为度量值
  　　　　D．RIPv1 不定期发送路由更新，而 RIPv2 周期性发送路由更新
- 由于采用了__（16）__技术，ADSL 的上行与下行信道频率可部分重叠。
  - （16）A．离散多音调　　B．带通过滤　　C．回声抵消　　D．定向采集
- 以太网交换机中采用生成树算法是为了解决__（17）__问题。
  - （17）A．帧的转发　　B．短路　　C．环路　　D．生成转发表
- 6 个速率为 64kb/s 的用户按照统计时分多路复用技术（STDM）复用到一条干线上，若每个用户平均效率为 80%，干线开销 4%，则干线速率为__（18）__kb/s。
  - （18）A．160　　B．307.2　　C．320　　D．400
- Internet 网络核心采取的交换方式为__（19）__。
  - （19）A．分组交换　　B．电路交换　　C．虚电路交换　　D．消息交换
- SDH 的帧结构包含__（20）__。
  - （20）A．再生段开销、复用段开销、管理单元指针、信息净负荷
  　　　　B．通道开销、信息净负荷、段开销
  　　　　C．容器、虚容器、复用、映射
  　　　　D．再生段开销、复用段开销、通道开销、管理单元指针
- AAA 是一种处理用户访问请求的框架协议，它确定用户可以使用哪些服务功能属于__（21）__。通常用 RADIUS 来实现 AAA 服务的协议，RADIUS 基于__（22）__。
  - （21）A．记录　　B．授权　　C．验证　　D．计费
  - （22）A．TCP　　B．UDP　　C．IP　　D．SSL
- 下列选项中，__（23）__不属于移动自组网（Mobile Ad Hoc Network，MANET）的特点。下图所示的由 A、B、C、D 4 个节点组成的 MANET 中，圆圈表示每个节点的发送范围，B 向 A 发送信号，结果为了避免碰撞，阻止了 C 向 D 发送信号，该情况属于__（24）__问题。

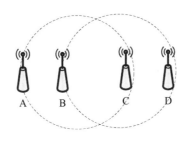

(23) A. 该网络终端频繁移动，导致节点位置、网络拓扑不断变化
B. 该网络通信信道往往带宽较小、干扰和噪声较大，甚至只能单向通信
C. 该网络终端携带电源有限，往往处于节能模式，因此需要缩小网络通信功率
D. 该网络终端不固定，因此不容易被窃听、欺骗，也不容易受到拒绝服务攻击

(24) A. 隐蔽终端　　　B. 暴露终端　　　C. 干扰终端　　　D. 并发终端

● 下列关于4G标准的说法正确的是　(25)　，5G网络作为第五代移动通信网络，其峰值理论传输速度　(26)　。

(25) A. 3G是基于IP的分组交换网设计的　　B. 4G是针对语音通信优化设计的
C. 4G是基于IP的分组交换网设计的　　D. 3G采用了LTE标准

(26) A. 可达100Mb/s　B. 可达500Mb/s　C. 可达1000Gb/s　D. 可达几十Gb/s

● 在从IPv4向IPv6过渡期间，为了解决IPv4和IPv6网络可共存于同一台设备和同一张网络之中的问题，需要采用　(27)　。IPv6地址中，　(28)　只可以分配给IPv6路由器使用，不可以作为源地址。

(27) A. 双协议栈技术　　B. 隧道技术　　C. 多协议栈技术　　D. 协议翻译技术

(28) A. 全球单播地址　　B. 任意播地址　　C. 链路本地单播地址　　D. 组播地址

● 路由器与主机不能交付数据时，就向源点发送　(29)　的ICMP报文。

(29) A. 源点抑制　　　B. 目的不可达　　C. 时间超时　　　D. 重定向

● DHCP服务器收到DISCOVER报文后，就会在地址池中查找一个合适的IP地址，加上相应的租约期限和其他配置信息（如网关、DNS服务器等信息），构造一个　(30)　报文，发送给DHCP客户端。

(30) A. DHCPOFFER　B. DHCPDECLINE　C. DHCPACK　D. DHCPNACK

● 在Windows操作系统用户管理中，使用组策略A-G-DL-P，其中A表示　(31)　。

(31) A. 用户账号　　　B. 资源访问权限　　C. 域本地组　　　D. 通用组

● 在光纤测试过程中，存在强反射时，使得光电二极管饱和，光电二极管需要一定的时间由饱和状态中恢复，在这一时间内，它将不会精确地检测后散射信号，在这一过程中没有被确定的光纤长度称为　(32)　。

(32) A. 测试区　　　B. 盲区　　　C. 散射区　　　D. 前段区

● S/MIME发送报文的过程中对消息处理包含步骤为　(33)　。加密报文采用的算法是　(34)　。

(33) A. 生成数字指纹、生成数字签名、加密数字签名和加密报文
B. 生成数字指纹、加密数字指纹、生成数字签名和加密报文
C. 生成数字指纹、加密数字指纹、生成数字签名和加密数字签名
D. 生成数字指纹、加密数字指纹、生成密钥、加密报文

(34) A. MD5　　　B. RSA　　　C. 3DES　　　D. SHA-1

● 在进行域名解析的过程中，若主域名服务器故障，由转发域名服务器传回解析结果，下列说法中正确的是　(35)　。

(35) A. 辅助域名服务器配置了递归算法　　B. 辅助域名服务器配置了迭代算法
C. 转发域名服务器配置了递归算法　　D. 转发域名服务器配置了迭代算法

- 在DNS资源记录中，__(36)__记录类型的功能是实现域名与其别名的关联。
  (36) A．MX B．NS C．CNAME D．PTR
- 使用CIDR技术把4个C类网络202.15.145.0/24、202.15.147.0/24、202.15.149.0/24和202.15.150.0/24汇聚成一个超网，得到的地址是__(37)__。
  (37) A．202.15.128.0/20 B．202.15.144.0/21
  　　 C．202.15.145.0/23 D．202.15.152.0/22
- 下列地址中，可以分配给某台主机接口的地址是__(38)__。
  (38) A．224.0.0.23 B．220.168.124.127/30
  　　 C．61.10.19 1.255/18 D．192.114.207.78/27
- 以下关于IPv6中任意播地址的叙述中，错误的是__(39)__。
  (39) A．只能指定给IPv6路由器 B．可以用作目标地址
  　　 C．可以用作源地址 D．代表一组接口的标识符
- 在SNMP协议中，代理收到管理站的一个GET请求后，若不能提供该实例的值，则__(40)__。
  (40) A．返回下一个实例的值 B．返回空值
  　　 C．不予响应 D．显示错误
- 基于数论原理的RSA算法的安全性建立在__(41)__的基础上。RSA广泛用于__(42)__。
  (41) A．分解大数的困难 B．大数容易分解
  　　 C．容易获得公钥 D．私钥容易保密
  (42) A．档案文本数据加密 B．视频监控数据加密
  　　 C．视频流数据加密 D．密钥分发
- 某网站向CA申请了数字证书，用户通过__(43)__来验证网站的真伪。
  (43) A．CA的签名 B．证书中的公钥
  　　 C．网站的私钥 D．用户的公钥
- 以下关于IPSec协议的描述中，正确的是__(44)__。
  (44) A．IPSec认证头（AH）不提供数据加密服务
  　　 B．IPSec封装安全负荷（ESP）用于数据完整性认证和数据源认证
  　　 C．IPSec的传输模式对原来的IP数据报进行了封装和加密，再加上了新的IP头
  　　 D．IPSec通过应用层的Web服务器建立安全连接
- 下列说法中，属于Diffie-Hellman功能的是__(45)__。
  (45) A．信息加密 B．密钥生成 C．密钥交换 D．证书交换
- PKI体制中，保证数字证书不被篡改的方法是__(46)__。
  (46) A．用CA的私钥对数字证书签名 B．用CA的公钥对数字证书签名
  　　 C．用证书主人的私钥对数字证书签名 D．用证书主人的公钥对数字证书签名
- PPP由一组IP协议组成，其中，__(47)__协议的功能是通过链路配置分组、链路终结分组、链路维护分组建立、配置和管理数据链路连接。
  (47) A．封装协议 B．点对点隧道协议（PPTP）
  　　 C．链路控制协议（LCP） D．网络控制协议（NCP）

- 以下选项中，__(48)__ 只在初始时做完全备份，以后只备份变化（新建、改动）的文件，具有更少的数据移动、更好的性能。

  (48) A．完全备份　　B．差分备份　　C．增量备份　　D．渐进式备份

- 假如有 3 块容量是 160GB 的硬盘做 RAID5 阵列，则这个 RAID5 的容量是 __(49)__；而如果有 2 块 160GB 的硬盘和 1 块 80GB 的硬盘，此时 RAID5 的容量是 __(50)__。

  (49) A．320GB　　B．160GB　　C．80GB　　D．40GB

  (50) A．40GB　　B．80GB　　C．160GB　　D．200GB

- 三层网络模型是最常见的分层化网络设计模型，将数据分组从一个区域高速地转发到另一个区域属于 __(51)__ 的功能。

  (51) A．核心层　　B．汇聚层　　C．中间层　　D．接入层

- 以下关于网络规划设计过程的叙述中，属于设计优化阶段任务的是 __(52)__。

  (52) A．通过与用户交流分析当前和未来网络的流量、负载

  B．完成网络设备命名、交换及路由协议选择、网络管理等设计

  C．通过召开专家研讨会、搭建试验平台、网络仿真等多种形式，找出设计方案中的缺陷，并改进方案

  D．根据优化后的方案进行设备的购置、安装、调试与测试

- 安全备份的策略不包括 __(53)__。

  (53) A．所有网络基础设施设备的配置和软件　　B．所有提供网络服务的服务器配置

  C．网络服务　　D．定期验证备份文件的正确性和完整性

- 数据安全的目的是实现数据的 __(54)__。

  (54) A．唯一性、不可替代性、机密性　　B．机密性、完整性、不可否认性

  C．完整性、确定性、约束性　　D．不可否认性、备份、效率

- 某高校拟借助银行一卡通项目资金建设学校无线网络，网络中心张主任带队调研，获得的信息有：学校有 7 个校区，占地 2744 余亩，建筑面积 125 万余平方米。要求实现所有教学楼栋与公共场所的无线全覆盖。需要师生使用一卡通卡号登录接入，主要使用微信、QQ、电子邮件、使用学校图书馆资源等。无线网络安全接入的方案中合适的做法有 __(55)__；常用的无线 AP 供电的方案是 __(56)__；常用无线 AP 支持的无线频段为 __(57)__。

  (55) A．无须登录，无须认证

  B．确认无线接入使用者在教学区、公共场所内即可授权使用，通过认证

  C．启用无感知认证，解决上网重复认证的问题

  D．不采用基于 MAC 地址认证方案，以便于启用无感知认证

  (56) A．利用楼栋现有电力线路供电　　B．太阳能供电

  C．利用光缆进行供电　　D．以 PoE 方式供电

  (57) A．2G　　B．3G　　C．4G　　D．2.4G 和 5G

- 互联网上的各种应用对网络 QoS 指标的要求不一，下列应用中对实时性要求最低的是 __(58)__。

  (58) A．直播课堂　　B．视频会议　　C．邮件接收　　D．网络电话

- 下列关于网络测试的说法中，正确的是__(59)__。

  (59) A．连通性测试需要利用测试工具对关键的核心和汇聚设备、关键服务器，进行连通测试

  B．单点连通性符合要求，测试点 ping 关键节点连通性为 95%以上

  C．系统连通性符合要求，即 99%的测试点单点连通性符合要求

  D．连通性测试中的 ping 测试需要覆盖所有子网和 50%的 VLAN 网络

- 以下关于网络测试技术的说法中，__(60)__是错误的。

  (60) A．网络测试技术有主动测试和被动测试两种方式

  B．主动测试利用工具，注入测试流量进入测试网络，并根据测试流量的情况分析网络情况

  C．被动测试具有灵活、主动的特点，但注入流量会带来安全隐患

  D．被动测试利用特定工具收集设备或者系统产生的网络信息，通过量化分析实现对网络的性能和功能等方面的测量

- OSPF 默认的 Hello 报文发送间隔时间是__(61)__s，默认无效时间间隔是 Hello 时间间隔的__(62)__倍，即如果在__(63)__s 内没有从特定的邻居接收到这种分组，路由器就认为那个邻居不存在了。Hello 组播地址为__(64)__。

  (61) A．10　　　　　B．15　　　　　C．20　　　　　D．30

  (62) A．2　　　　　B．3　　　　　　C．4　　　　　　D．5

  (63) A．30　　　　　B．40　　　　　C．50　　　　　D．60

  (64) A．224.0.0.1　　B．224.0.0.3　　C．224.0.0.5　　D．224.0.0.9

- 以下说法错误的是__(65)__。

  (65) A．IP SAN 把 SCSI 协议封装在 IP 协议中，这样只用于本机的 SCSI 协议可以通过 TCP/IP 网络发送

  B．IP SAN 区别于 FC SAN 以及 IP SAN 的主要技术是采用 InfiniBand 实现异地间的数据交换

  C．InfiniBand 可以处理存储 I/O、网络 I/O，也能够处理进程间通信（IPC）

  D．InfiniBand 可以将磁盘阵列、SAN、LAN、服务器和集群服务器进行互联，也可以连接外部网络

- 采用 Kerberos 系统进行认证时，可以在报文中加入__(66)__来防止重放攻击。

  (66) A．会话密钥　　B．时间戳　　C．用户 ID　　D．私有密钥

- 网络环境越复杂，发生故障的可能性就越大，引发故障的原因也就越难确定。由于 OSI 各层功能具有相对性，在网络故障检测时按层排查故障可以有效地发现和隔离故障。沿着从源到目标的路径，查看路由器路由表，同时检查路由器接口的 IP 地址属于__(67)__。

  (67) A．物理层故障检查　　　　　　B．数据链路层故障检查

  C．网络层故障检查　　　　　　D．应用层故障检查

- 网络测试中往往使用工具来判断网络状况和故障，以下关于网络测试工具的说法错误的是__(68)__。

  (68) A．线缆测试仪可以直接判断线路的通断状况

  B．网络协议分析仪多用于网络的主动测试

C．网络测试仪多用于大型网络的测试

D．应用层故障检查

- ___(69)___ 攻击是指借助于客户机/服务器技术，将多个计算机联合起来作为攻击平台，对一个或多个目标发动 DoS 攻击，从而成倍地提高拒绝服务攻击的威力。

  （69）A．缓冲区溢出　　B．分布式拒绝服务　　C．拒绝服务　　D．口令

- 项目管理方法的核心是风险管理与___(70)___相结合。

  （70）A．目标管理　　B．质量管理　　C．投资管理　　D．技术管理

- There are different ways to perform IP based DoS Attacks. The most common IP based DoS attack is that an attacker sends an extensive amount of connection establishment ___(71)___ (e.g. TCP SYN requests) to establish hanging connections with the controller or a DPS. Such a way, the attacker can consume the network resources which should be available for legitimate users. In other ___(72)___, the attacker inserts a large amount of ___(73)___ packets to the data plane by spoofing all or part of the header fields with random values. These incoming packets will trigger table-misses and send lots of packet-in flow request messages to the network controller to saturate the controller resources. In some cases, an ___(74)___ who gains access to DPS can artificially generate lots of random packet-in flow request messages to saturate the control channel and the controller resources. Moreover, the lack of diversity among DPSs fuels the fast propagation of such attacks.

  Legacy mobile backhaul devices are inherently protected against the propagation of attacks due to complex and vendor specific equipment. Moreover, legacy backhaul devices do not require frequent communication with core control devices in a manner similar to DPSs communicating with the centralized controller. These features minimize both the impact and propagation of DoS attacks. Moreover, the legacy backhaul devices are controlled as a joint effort of multiple network element. For instance, a single Long Term Evilution (LTE) eNodeB is connected up to 32 MMEs. Therefore, DoS/DDoS attack on a single core element will not terminate the entire operation of a backhaul device ___(75)___ the network.

  （71）A．message　　　　B．information　　C．request　　　D．date
  （72）A．methods　　　　B．cases　　　　　C．hands　　　　D．sections
  （73）A．bad　　　　　　B．real　　　　　　C．fake　　　　　D．new
  （74）A．or　　　　　　 B．administrator　　C．editor　　　　D．attacker
  （75）A．or　　　　　　 B．of　　　　　　 C．in　　　　　　D．to

网络规划设计师机考试卷 模考卷
案例分析卷

试题一（共 25 分）

阅读以下说明，回答【问题 1】至【问题 5】。

【说明】某企业实施数据机房建设项目，机房位于该企业业务综合楼二层，面积约 $50m^2$。机房按照国家 B 类机房标准设计，估算用电量约 50kW，采用三相五线制电源输入，双回路向机房设备供电，对电源系统提供三级防雷保护。要求铺设抗静电地板、安装微孔回风吊顶，受机房高度影响，静电地板高 20cm。机房分为配电间和主机间两个区域，分别是 $15m^2$ 和 $35m^2$。配电间配置市电配电柜、UPS 主机及电池柜等设备；主机间配置网络机柜、服务器机柜以及精密空调等设备。

项目的功能模块如图 1-1 所示。

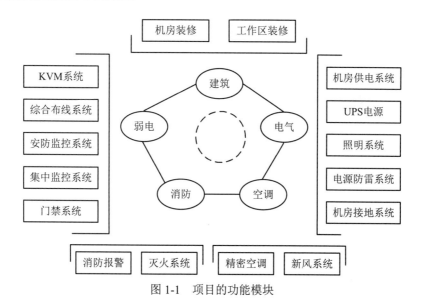

图 1-1 项目的功能模块

【问题 1】（4 分）

数据机房设计标准分为 __(1)__ 类，该项目将数据机房设计标准确定为 B 类，划分依据是 __(2)__ 。

【问题 2】（6 分）

该方案对电源系统提供第二、三级防雷保护，对应的措施是 __(3)__ 和 __(4)__ 。

机房接地一般分为交流工作接地、直流工作接地、保护接地和 __(5)__ ，若采用联合接地的方式将电源保护接地接入大楼的接地极，则接地极的接地电阻值不应大于 __(6)__ 。

（3）～（4）备选答案：

A．在大楼的总配电室电源输入端安装防雷模块
B．在机房的配电柜输入端安装防雷模块
C．选用带有防雷器的插座用于服务器、工作站等设备的防雷击保护
D．对机房中 UPS 不间断电源做防雷接地保护

【问题3】（4分）

在机房内空调制冷一般有下送风和上送风两种方式。该建设方案采用上送风的方式，选择该方式的原因是__(7)__、__(8)__。

（7）～（8）备选答案：

A．静电地板的设计高度没有给下送风预留空间
B．可以及时发现和排除制冷系统产生的漏水，消除安全隐患
C．上送风建设成本较下送风低，系统设备易于安装和维护
D．上送风和下送风应用的环境不同，在 IDC 机房建设时要求采用上送风方式

【问题4】（6分）

网络布线系统通常划分为工作区子系统、水平布线子系统、配线间子系统、__(9)__、管理子系统和建筑群子系统等6个子系统。机房的布线系统主要采用__(10)__和__(11)__。

【问题5】（5分）

判断下述观点是否正确（正确的打√；错误的打×）。

（12）机房灭火系统，主要是气体灭火，其灭火剂包括七氟丙烷、二氧化碳、气溶胶等对臭氧层无破坏的灭火剂，分为管网式和无管网式。（　）

（13）机房环境监控系统监控的对象主要是机房动力和环境设备，比如配电、UPS、空调、温湿度、烟感、红外、门禁、防雷、消防等设备设施。（　）

（14）B级机房对环境温度的要求是 18～28℃，相对湿度要求是 40%～70%。（　）

（15）机房新风系统中新风量值的计算方法主要按房间的空间大小和换气次数作为计算依据。（　）

（16）机房活动地板下部的电源线尽可能地远离计算机信号线，避免并排敷设，并采取相应的屏蔽措施。（　）

试题二（共25分）

阅读以下说明，回答【问题1】至【问题4】。

【说明】某测评公司依照国家《计算机信息系统安全保护等级划分准则》《网络安全等级保护基本要求》《信息系统安全保护等级定级指南》等标准，以及某大学对信息系统等级保护工作的有关规定和要求，对某大学的网络和信息系统进行等级保护定级，按信息系统逐个编制定级报告和定级备案表，并指导该大学信息化人员将定级材料提交当地公安机关备案。

【问题1】（7分）

测评公司小李分析了某大学现有的网络拓扑结构，认为学校信息系统中的网络系统中的未严格按"系统功能、应用相似性""资产价值相似性""安全要求相似性""威胁相似性"等原则对现有网络结

构进行安全区域的划分。导致网络结构没有规范化、缺少区域访问控制和网络层防病毒措施、不能有效地控制蠕虫病毒等信息安全事件发生后所影响的范围,从而使得网络和安全管理人员无法对网络安全进行有效的管理。

因此,小李按照学校系统的重要性和网络使用的逻辑特性划分安全域,具体将学校网络划分为外部接入域、核心交换域、终端接入域、核心数据域、核心应用域、安全管理域以及存储网络域共7个域,具体拓扑如图2-1所示。请将7个域名填入(1)~(7)空中。

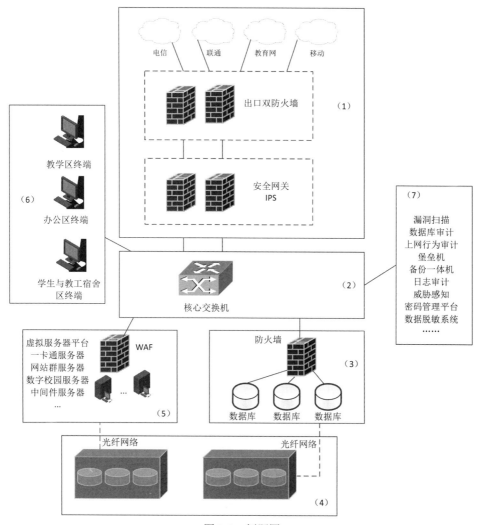

图2-1 例题图

【问题2】(8分)
某高校信息中心张主任看到该拓扑图后,认为该拓扑图可能存在一些明显的设计问题。请依据个人经验,回答下列问题。

（1）核心交换域是否存在设计问题？如果存在问题，则具体问题是什么？理由是什么？该如何解决？

（2）核心应用域是否存在设计问题？如果存在问题，则具体问题是什么？理由是什么？该如何解决？

【问题3】（6分）

测评公司小李把测评指标和测评方式结合到信息系统的具体测评对象上，构成了可以具体测评的工作单元。具体分为物理安全、网络安全、主机系统安全、应用安全、数据安全及备份恢复、安全管理机构、安全管理制度、人员安全管理、系统建设管理和系统运维管理等10个层面。

通过访谈相关负责人，检查机房及其除潮设备等过程，测评信息系统是否采取必要措施来防止水灾和机房潮湿属于__(8)__测评。

通过访谈安全员，检查防火墙等网络访问控制设备，测试系统对外暴露安全漏洞情况等，测评分析信息系统对网络区域边界相关的网络隔离与访问控制能力属于__(9)__测评。

通过访谈系统建设负责人，检查相关文档，测评外包开发的软件是否采取必要的措施保证开发过程的安全性和日后的维护工作能够正常开展属于__(10)__测评。

【问题4】（4分）

简述部署漏洞扫描系统带来的好处。

试题三（共25分）

阅读以下说明，回答【问题1】至【问题5】。

【说明】

图 3-1 是某公司的网络拓扑图，公司要求全网范围内实现 IP 地址的动态分配，请根据拓扑图将配置补充完整。

【问题1】（5分）

图 3-1 中的区域（a）的名称是__(1)__，区域（b）的名称是__(2)__，区域（c）的名称是__(3)__，若设备是华为设备，其中区域（c）的默认安全级别是__(4)__。此防火墙的工作模式是__(5)__。

【问题2】（7分）

公司的服务器群主要部署了基于 Web 的各种应用，尽管在防火墙上设置了相应的安全措施，但在实际的应用中，服务器群总是遭到各种攻击。管理员用网络监测工具发现大量的如下 URL：

http://www.abc.com/showdetail.asp?id=1 and (select count(*) from sysobjects)>0
http://www.abc.com/showdetail.asp?id=1 and user>0
…

则公司的服务器遭受了__(6)__攻击，合理的解决方法是__(7)__。也可以在防火墙的区域（b）与 Switch5 之间部署__(8)__设备增强 Web 服务的安全。

【问题3】（6分）

以下是设备的部分配置，根据题意完成命令填空或者解释。

…
[Switch1]vlan 2　　　　　　创建vlan2、3
[Switch1-vlan2]quit

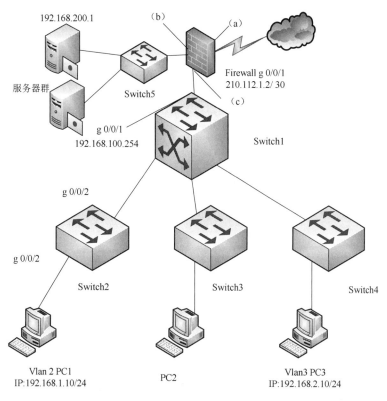

图 3-1 某公司的网络拓扑图

```
[Switch1]vlan 3
[Switch1-vlan3]quit
[Switch1]vlan 100
[Switch1-vlan100]quit
[Switch1]  (9)                    //配置名为 net1 的地址池
[Switch1-ip-pool-net1]  (10)
[Switch1-ip-pool-net1] gateway-list 192.168.1.254
[Switch1-ip-pool-net1] dns-list   (11)
[Switch1-ip-pool-net1] quit
[Switch1]
[Switch1] ip pool net2
[Switch1-ip-pool-net2] network 192.168.2.0 mask 255.255.255.0
[Switch1-ip-pool-net2] gateway-list 192.168.2.254
[Switch1-ip-pool-net2] dns-list 114.114.114.114
[Switch1-ip-pool-net2] static-bind ip-address 192.168.2.10 mac-address 0001-1111-2222
[Switch1-ip-pool-net2] quit
….
[Switch1]  (12)
[Switch1-Vlanif2] ip address   (13)
[Switch1-vlanif2]  (14)           //接口下开启全局 DHCP 分配功能
[Switch1-Vlanif2] quit
```

```
[Switch1]
[Switch1] interface vlan 3
[Switch1-Vlanif3] ip address 192.168.2.254
[Switch1-vlanif3] dhcp select global
[Switch1-Vlanif3] quit
[Switch1]
[Switch1] interface vlan 100
[Switch1-Vlanif100] ip address 192.168.100.1
[Switch1-Vlanif100] quit
[Switch1]
```

【问题 4】(5 分)

系统运行一段时间后，内网不断有用户报告网络故障，不能访问 Internet。管理员在故障机器上使用__(15)__命令，可以得到图 3-2 所示的信息，则该故障的原因是__(16)__，解决故障的方法是__(17)__。

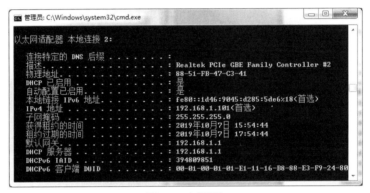

图 3-2 例题图

【问题 5】(2 分)

根据图 3-1 网络拓扑图，防火墙需要配置默认路由，则正确的命令是__(18)__，回程路由是__(19)__。

分析：

```
ip route-static 0.0.0.0 0.0.0.0 210.112.1.1                        //配置默认路由
ip route-static 192.168.0.0 255.255.128.0  192.168.100.254         //配置回程默认路由
```

网络规划设计师机考试卷 模考卷
论文

试题一 论无线网络中的网络与信息安全技术

无线网络应用越来越广泛,也带来了极大的便利。但是,无线网络各类应用也带来了各种安全问题,迫使管理员采用相应的网络与信息安全技术。

请围绕"论无线网络中的网络与信息安全技术"论题,从以下3个方面进行论述。
(1) 简要论述无线网络面临的安全问题。
(2) 详细论述你参与设计和实施的无线网络项目中采用的网络与信息安全技术。
(3) 分析和评估你所采用的安全技术的效果以及进一步改进的措施。

试题二 虚拟化关键技术及解决方案

虚拟化是一种资源管理技术,是将计算机的各种实体资源,如服务器、网络、内存及存储等,予以抽象、转换后呈现出来,打破实体结构间的不可切割的障碍,使用户可以比原本的组态更好的方式来应用这些资源。这些资源的新虚拟部分不受现有资源的架设方式、地域或物理组态所限制。目前,虚拟化技术应用越来越广泛,设备、网络等资源管理与迁移越来越简化与方便,节省了各类管理员的大量时间。

请围绕"虚拟化关键技术及解决方案"论题,依次对以下4个方面进行论述。
(1) 简要论述你参与建设的信息系统环境及之上的业务。
(2) 简要叙述常用的虚拟化技术。
(3) 详细论述你参与设计和实施的虚拟化项目方案。
(4) 分析和评估你所采用的虚拟化方案效果以及进一步改进的措施。

网络规划设计师机考试卷 模考卷
综合知识卷参考答案与试题解析

（1）（2）**参考答案**：C A

试题解析 范围管理确定项目包含什么工作、不包含什么工作。项目管理的主要约束有：质量、成本、进度、范围。题干中的"按期"一词给出了答案是进度管理。

（3）（4）**参考答案**：D C

试题解析 面向对象的系统中，消息是对象之间进行通信的机制。发送给某对象的消息中，包含了接收对象需要进行的操作信息。

对象是由一组数据和容许的数据操作封装而成。类是对具有相同操作方法和一组相同数据元素的对象的行为和属性的抽象与总结。类是在对象之上的抽象，对象则是类的具体化，是类的实例。

（5）**参考答案**：B

试题解析 "两网"是指政务内网和政务外网；"一站"是政府门户网站，是指政府面向居民所提供服务的信息系统平台，属于G2C（政府对居民）模式；"四库"即建立人口、法人单位、空间地理和自然资源、宏观经济等4个基础数据库；"十二金"是指金关、金税、金财、金盾、金审等12个重要业务系统。

（6）**参考答案**：B

试题解析 ATM、X.25、IPX/SPX 都属于分组交换网。普通老式电话业务（Plain Old Telephone Service，POTS）传输模拟语音信息，不属于分组交换网络。

（7）（8）**参考答案**：B C

试题解析 ADSL 是利用分频的技术使低频信号和高频信号分离。3400Hz 以下供电话使用；3400Hz 以上的高频部分供上网使用。

ADSL2+技术可提供的最高下行速率达到 24Mb/s。

目前已经很少使用 ADSL 技术了。

（9）（10）**参考答案**：A B

试题解析 VPN 主要隧道协议有 PPTP、L2TP、IPSec、SSL VPN、TLS VPN。

1）PPTP（点到点隧道协议）。PPTP 是一种用于让远程用户拨号连接到本地的 ISP，是通过 Internet 安全访问内网资源的技术。它能将 PPP 帧封装成 IP 数据包，以便在基于 IP 的互联网上进行传输。PPTP 使用 TCP 连接创建、维护、终止隧道，并使用 GRE（通用路由封装）将 PPP 帧封装成隧道数据。被封装后的 PPP 帧的有效载荷可以被加密、压缩或同时被加密与压缩。该协议是第 2 层隧道协议。

2）L2TP 协议。L2TP 是 PPTP 与 L2F（第 2 层转发）的综合，是由思科公司推出的一种技术。

该协议是第 2 层隧道协议。

3）IPSec 协议。IPSec 协议在隧道外面再封装，保证了隧道在传输过程中的安全。该协议是第 3 层隧道协议。

4）SSL VPN、TLS VPN。两类 VPN 都使用了 SSL 和 TLS 技术，在传输层实现 VPN 的技术。该协议是第 4 层隧道协议。由于 SSL 需要对传输数据加密，因此 SSL VPN 的速度比 IPSec VPN 慢。但 SSL VPN 的配置和使用又比其他 VPN 简单。

（11）**参考答案**：C

试题解析 数据封装的正确顺序是应用层、传输层、网络层、数据链路层和物理层。各层的单位分别是数据、段、分组、帧、比特。

（12）**参考答案**：B

试题解析 PPP 包括以下子协议：

1）链路控制协议（Link Control Protocol，LCP）：建立、释放和测试数据链路，以及协商数据链路参数。

2）网络控制协议（Network Control Protocol，NCP）：协商网络层参数，比如动态分配 IP 地址等；PPP 支持任何网络层协议，例如 IP、IPX、AppleTalk 等。

3）身份认证协议：它是通信双方确认对方的链路标识。

（13）**参考答案**：C

试题解析 以前老式交换机就是集线器，是一个冲突域，只允许一个节点发送数据。采用交换机进行局域网微分段的作用是形成多冲突域，往往是一个端口一个冲突域，即允许一个端口可以有一台设备能发送数据。

（14）**参考答案**：D

试题解析 在生成树协议（STP）中，收敛的定义是指所有端口都处于转发状态或阻塞状态。

（15）**参考答案**：B

试题解析 RIP 分为 RIPv1、RIPv2 和 RIPng 3 个版本，其中 RIPv2 相对 RIPv1 的改进点有：**使用组播**而不是广播来传播路由更新报文；RIPv2 属于**无类协议**，**支持可变长子网掩码（VLSM）**和无类别域间路由（CIDR）；采用了**触发更新机制来加速路由收敛**；**支持认证**，使用经过散列的口令字来限制更新信息的传播。RIPng 协议是基于 IPv6 的路由协议。

（16）**参考答案**：C

试题解析 ADSL 采用了回声抵消技术（EC 技术），其上行与下行信道频率可部分重叠。

（17）**参考答案**：C

试题解析 生成树协议（STP）是一种链路管理协议，为网络提供路径冗余，同时防止产生环路。

（18）**参考答案**：C

试题解析 假设干线速率为 a，则有 $6×64kb/s×80\%=(1-4\%)×a$，解方程得 $a=320kb/s$。

（19）**参考答案**：A

试题解析 通信网络数据的交换方式有多种，主要分为电路交换、报文交换、分组交换和信元交换。而 Internet 网络核心采取的交换方式为分组交换。

（20）参考答案：A

● 试题解析 SDH 的帧结构由以下 3 个部分组成：

1）段开销，包括再生段开销和复用段开销。段开销是保证信息净负荷正常传送所必需的附加字节，用于网络的运行、管理和维护。

2）管理单元指针：指向信息净负荷的第一个字节在帧内的准确位置。

3）信息净负荷：存放要传送的各种信息。

（21）（22）参考答案：B B

● 试题解析 验证/授权/计费（Authentication Authorization Accounting，AAA）是一个负责认证、授权、计费的服务器。通常使用 RADIUS 完成 AAA 认证，规定 UDP 端口 1812、1813 分别作为认证、计费端口。

1）授权：确定用户可以使用哪些服务。

2）认证：授权用户可以使用哪些服务。

3）计费：记录用户使用系统与网络资源的情况。

（23）（24）参考答案：D D

● 试题解析 IEEE 802.11 定义了 Ad Hoc 网络是由无线移动节点组成的对等网，可根据环境变化实现重构，而不需要网络基础设施支持。该网络中，每个节点充当主机和路由器双重角色，构建移动自组网。该网络具有如下特点：①由于无线终端频繁移动，导致节点位置、网络拓扑不断变化；②这类通信信道往往带宽较小、干扰和噪声较大，甚至只能单向通信；③无线终端携带电源有限，往往处于节能模式，因此需要缩小网络通信功率；④容易被窃听、欺骗，往往会受到拒绝服务攻击。

IEEE 802.11 采用类似于 IEEE 802.3 CSMA/CD 协议的载波侦听多路访问/冲突避免协议（Carrier Sense Multiple Access/Collision Avoidance，CSMA/CA），不采用 CSMA/CD 协议的原因有两点：①无线网络中，接收信号的强度往往远小于发送信号，因此要实现碰撞的花费过大；②隐蔽站（隐蔽终端）问题，并非所有站都能听到对方，如以下图（a）所示，而暴露站的问题是检测信道忙碌但未必影响数据发送，如以下图（b）所示。

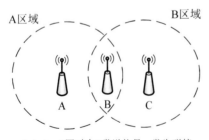

(a) A、C同时向B发送信号，发生碰撞

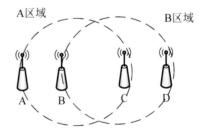

(b) B向A发送信号，避免碰撞，阻止C向D发送数据

（25）（26）参考答案：C D

● 试题解析 第四代移动通信技术（The 4th Generation communication system，4G）与 3G

标准最主要的区别是：4G 是基于 IP 的分组交换网，而 3G 是针对语音通信优化设计的。4G 是第三代技术的延续。4G 可以提供比 3G 更快的数据传输速度。ITU（国际电信联盟）已将 WiMax、WiMAX Ⅱ、HSPA+、LTE、LTE-Advanced 和 WirelessMAN-Advanced 列为 4G 技术标准。

5G 网络作为第五代移动通信网络，其峰值理论传输速度可达每秒几十 Gb，比 4G 网络的传输速度快数百倍，整部超高画质电影可在 1s 之内下载完成。2017 年 12 月 21 日，在国际电信标准组织 3GPP RAN 第 78 次全体会议上，正式发布 5G NR 首发版本，这是全球第一个可商用部署的 5G 标准。

（27）（28）**参考答案**：A B

试题解析 IETF 的 NGTRANS 工作组提出了 IPv4 向 IPv6 过渡的解决技术，主要有：
1）双协议栈（双栈）技术：IPv4 和 IPv6 网络可共存于同一台设备和同一张网络之中。
2）隧道技术：IPv6 节点可以借助 IPv4 网络进行通信。
3）翻译技术：纯 IPv4 与纯 IPv6 的节点之间可以通过翻译 IPv4、IPv6 协议方式进行通信。
IPv6 的任意播地址只可以分配给 IPv6 路由器使用，不可以作为源地址。

（29）**参考答案**：B

试题解析 路由器与主机不能交付数据时，就向源点发送目的不可达报文。

（30）**参考答案**：A

试题解析 DHCP 服务器收到 DISCOVER 报文后，就会在地址池中查找一个合适的 IP 地址，加上相应的租约期限和其他配置信息（如网关、DNS 服务器等信息），构造一个 OFFER 报文，发送给 DHCP 客户端。

（31）**参考答案**：A

试题解析 为了方便用户访问其他域的资源，可以使用以下组策略：
1）A-G-DL-P 策略。该策略是将用户账号添加到全局组中，将全局组添加到域本地组中，然后为域本地组分配资源权限。
2）A-G-U-DL-P 策略。该策略用于在多域环境中创建相应的用户账户；将职责一致的用户账号添加到全局组；将各个域的全局组添加到通用组；将通用组添加到本地组；授权本地域组对某个资源的访问。
其中，A 表示用户账号；G 表示全局组；U 表示通用组；DL 表示域本地组；P 表示资源权限。此外还有 A-G-G-DL-P 策略等。

（32）**参考答案**：B

试题解析 在光纤测试过程中，存在强反射时，使得光电二极管饱和，光电二极管需要一定的时间由饱和状态中恢复，在这一时间内，它将不会精确地检测后散射信号，在这一过程中没有被确定的光纤长度称为盲区。

（33）（34）**参考答案**：A C

试题解析 S/MIME 发送报文的过程中对消息 M 的处理包括生成数字指纹、生成数字签名、加密数字签名和加密报文 4 个步骤，其中生成数字指纹采用的算法是 MD5、SHA-1；签名指纹算法使用 DSS、RSA；加密数字签名和加密报文采用的算法均是对称加密，比如 3DES、AES 等。

（35）**参考答案**：C

🖋️**试题解析** 通常本地 DNS 服务器使用递归形式查询，另外转发域名服务器也是使用递归查询的形式。

（36）**参考答案**：C

🖋️**试题解析** 在 DNS 资源记录中，CNAME 记录类型的功能是实现域名与其别名的关联。

（37）**参考答案**：B

🖋️**试题解析** 202.15.145.0 后 16 位的二进制表示为 202.15. 10010 001.00000000

202.15.147.0 后 16 位的二进制表示为 202.15. 10010 011.00000000

202.15.149.0 后 16 位的二进制表示为 202.15. 10010 101.00000000

202.15.150.0 后 16 位的二进制表示为 202.15. 10010 110.00000000

观察可以发现，4 个地址最大相同的网络位为 202.15. 10010，因此掩码长度为 21。

（38）**参考答案**：D

🖋️**试题解析** 直接将 B、C、D 3 个选项的 IP 地址转换为二进制，结合掩码长度，看主机位部分是否是全 0 和全 1。

192.114.207.78/27 转换为二进制为 11000000. 1110010. 11001111. 10 01110，主机位 01110 不是全 0 和全 1，因此可以作为主机接口的地址。

（39）**参考答案**：C

🖋️**试题解析** 任意播地址被分配到多于一个的接口上时，发到该接口的报文被网络路由到由路由协议度量的"最近"的目标接口上。任意播地址可以分配给 IPv6 路由器使用，不可以作为源地址。

（40）**参考答案**：A

🖋️**试题解析** 在 SNMP 协议中，代理收到管理站的一个 GET 请求后，若不能提供该实例的值，则返回下一个值。

（41）（42）**参考答案**：A D

🖋️**试题解析** 现在主要的两大类算法是：建立在基于"分解大数的困难度"基础上的算法，和建立在"以大素数为模来计算离散对数的困难度"基础上的算法。

基于数论原理的 RSA 算法的安全性建立在分解大数困难的基础上，但是使用 RSA 来加密大量的数据则速度太慢了，因此 RSA 一般广泛用于密钥的分发。

（43）**参考答案**：A

🖋️**试题解析** 数字证书能验证实体身份，而验证证书的有效性主要是依据数字证书所包含的证书签名。

（44）**参考答案**：A

🖋️**试题解析** IPSec 是一个协议体系，由建立安全分组流的密钥交换协议和保护分组流的协议两个部分构成，前者即为 IKE 协议，后者则包含 AH、ESP 协议。

1）IKE 协议。Internet 密钥交换协议（Internet Key Exchange Protocol，IKE）属于一种混合型协议，由 Internet 安全关联和密钥管理协议（Internet Security Association and Key Management Protocol，ISAKMP）与两种密钥交换协议（OAKLEY 与 SKEME）组成，即 IKE 由 ISAKMP 框架、OAKLEY 密钥交换模式以及 SKEME 的共享和密钥更新技术组成。IKE 定义了自己的密钥交换方

式（手工 IKE 和自动 IKE）。

2）AH。认证头（Authentication Header，AH）是 IPSec 体系结构中的一种主要协议，它为 IP 数据报提供完整性检查与数据源认证，并防止重放攻击。AH 不支持数据加密。AH 常用摘要算法（单向 Hash 函数）MD5 和 SHA-1 实现摘要和认证，确保数据完整。

3）ESP。封装安全载荷（Encapsulating Security Payload，ESP）可以同时提供数据完整性确认和数据加密等服务。ESP 通常使用 DES、3DES、AES 等加密算法实现数据加密，使用 MD5 或 SHA-1 来实现摘要和认证，确保数据完整。

传输模式下的 AH 和 ESP 处理后的 IP 头部不变，而隧道模式下的 AH 和 ESP 处理后需要重新封装一个新的 IP 头。

（45）**参考答案**：C

试题解析 Diffie-Hellman 密钥交换体制，目的是完成通信双方的**对称密钥**交互。Diffie-Hellman 的神奇之处是在不安全环境下（有人侦听）也不会造成密钥泄露。

（46）**参考答案**：A

试题解析 公钥基础设施（Public Key Infrastructure，PKI）是一种遵循既定标准的密钥管理平台，它能为所有网络应用提供加密和数字签名等密码服务及必需的密钥和证书管理体系。简单来说，PKI 是一组规则、过程、人员、设施、软件和硬件的集合，可以用来进行公钥证书的发放、分发和管理。

根据 PKI 的结构，身份认证的实体需要有一对密钥，分别为私钥和公钥。其中的私钥是保密的，公钥是公开的。从原理上讲，不能从公钥推导出私钥。在 PKI 体制中，保证数字证书不被篡改的方法是用 CA 的私钥对数字证书签名。

（47）**参考答案**：C

试题解析 PPP 由一组 IP 协议组成，即：

1）封装协议：包装上层的各类数据报文，兼容常见硬件，支持同一链路传输多种网络层协议。

2）链路控制协议：通过链路配置分组、链路终结分组、链路维护分组建立、配置和管理数据链路连接。

3）网络控制协议：PPP 链路建立的最后阶段，选择使用哪种网络层协议（IP、IPX 等），并传输选定协议的数据，丢弃没有选中的网络层分组数据。

（48）**参考答案**：D

试题解析 备份方式有 3 种：

1）完全备份：将系统中所有的数据信息全部备份。

2）差分备份：每次备份的数据是相对于上一次的全备份之后新增加的和修改过的数据。

3）增量备份：备份自上一次备份（包含完全备份、差异备份、增量备份）之后所有变化的数据（含删除文件信息）。

渐进式备份只在初始时做完全备份，以后只备份变化（新建、改动）的文件，比完全备份、差分备份、增量备份方式具有更少的数据移动，更好的性能。

（49）（50）**参考答案**：A C

试题解析 RAID5 具有与 RAID0 近似的数据读取速度，只是多了一个奇偶校验信息，写入数据的速度比对单个磁盘进行写入操作的速度稍慢。**磁盘利用率=$(n-1)/n$**，其中 n 为 RAID 中的磁盘总数。实现 RAID5 至少需要 3 块硬盘，如果坏掉一块盘，可通过剩下两块盘算出第三块盘容量。

RAID5 如果是由容量不同的盘组成，则以最小盘容量计算总容量。

1）3 块 160GB 的硬盘做 RAID5：总容量=(3–1)×160=320（GB）。

2）2 块 160GB 的硬盘和 1 块 80GB 的硬盘做 RAID5：总容量=(3–1)×80=160（GB）。

（51）**参考答案**：A

试题解析　三层网络模型是最常见的分层化网络设计模型，通常划分为接入层、汇聚层和核心层。

1）接入层。网络中直接面向用户连接或访问网络的部分称为接入层，接入层的作用是允许终端用户连接到网络，因此接入层交换机具有低成本和高端口密度特性。接入层的其他功能有用户接入与认证、二三层交换、QoS、MAC 地址过滤。

2）汇聚层。位于接入层和核心层之间的部分称为汇聚层，汇聚层是多台接入层交换机的汇聚点，必须能够处理来自接入层设备的所有通信流量，并提供到核心层的上行链路。因此，汇聚层交换机与接入层交换机相比，需要更高的性能、更少的接口和更高的交换速率。汇聚层的其他功能有访问列表控制、VLAN 间的路由选择执行、分组过滤、组播管理、QoS、负载均衡、快速收敛等。

3）核心层。核心层的功能主要是实现骨干网络之间的优化传输，骨干层设计任务的重点通常是冗余能力、可靠性和高速的传输。网络核心层将数据分组从一个区域高速地转发到另一个区域，快速转发和收敛是其主要功能。网络的控制功能尽量少在骨干层上实施。核心层一直被认为是所有流量的最终承受者和汇聚者，所以对核心层的设计及网络设备的要求十分严格。核心层的其他功能有链路聚合、IP 路由配置管理、IP 组播、静态 VLAN、生成树、设置陷阱和报警、服务器群的高速连接等。

（52）**参考答案**：C

试题解析　1）需求分析阶段：网络分析人员通过与用户交流来获取新项目目标，然后归纳出当前网络特征，分析出当前和将来的网络通信量、网络性能，包括流量、负载、协议行为和服务质量要求。

2）逻辑设计阶段：主要完成网络的逻辑拓扑结构、网络编址、设备命名、交换及路由协议选择、安全规划、网络管理等设计工作，并且根据这些设计产生对设备厂商、服务提供商的选择策略。

3）物理设计阶段：根据逻辑设计的结果，选择具体的技术和产品，使得逻辑设计的成果符合工程设计规范。

4）设计优化阶段：该阶段完成实施阶段前的方案优化，通过召开专家研讨会、搭建试验平台、网络仿真等多种形式，找出设计方案中的缺陷，并进行方案优化。

5）实施及测试阶段：根据优化后的方案进行设备的购置、安装、调试与测试，通过测试和试用，发现网络环境与设计方案的偏离，纠正实施过程中的错误，甚至可能需要修改网络设计方案。

6）监测及性能优化阶段：网络的运营和维护阶段，通过网络管理和安全管理等技术手段，对网络是否正常运行进行实时监控，一旦发现问题，通过优化网络设备配置参数，达到优化网络性能的目的；一旦发现网络性能已经无法满足用户需求，则进入下一次迭代周期。

（53）**参考答案**：C

🕮 **试题解析** 安全备份的策略不包括网络服务。

（54）**参考答案**：B

🕮 **试题解析** 数据安全的目的是实现数据的机密性、完整性、不可否认性。

（55）（56）（57）**参考答案**：C D D

🕮 **试题解析** 无感知认证是一种针对智能终端，在经过第一次认证后无须输入用户名和密码即可上线的认证过程，解决上网重复认证的问题。无感知认证常基于 MAC 地址认证。目前，常用的无线 AP 供电的方案是 PoE 方式供电。用无线 AP 支持的工作频段为 2.4G 和 5G。

（58）**参考答案**：C

🕮 **试题解析** 邮件接收应用对实时性要求最低。

（59）**参考答案**：A

🕮 **试题解析** 网络系统测试就是测试一个网络系统是否是稳定、高效的。常规网络系统测试包含所有联网的终端是否按要求连通了、其他连通性测试、链路传输速率测试、吞吐率测试、传输时延及链路层健康状况测试等。

连通性测试的方法：

步骤 1：部署测试点，选定接入层设备端口，并连接测试工具。

步骤 2：ping 测试，利用测试工具对关键的核心和汇聚设备、关键服务器进行连通测试。具体方法为 ping 10 次，间隔 1s。该测试需要覆盖所有子网和 VLAN。

步骤 3：将测试工具部署到其他测试点，重复步骤 2，直到完成所有抽样设备测试。

1）抽样规则如下：

a. 接入层设备测试数要求：不低于接入层设备总数量的 10%；总设备少于 10 台，则全部测试。

b. 端口测试要求：至少选择每台测试设备的一个端口进行测试。

2）合格标准分为两种：

a. 单项合格：单点连通性符合要求，测试点 ping 关键节点连通性为 100%。

b. 综合合格：系统连通性符合要求，即所有测试点单点连通性均符合要求。

（60）**参考答案**：C

🕮 **试题解析** 根据是否向被测试的网络注入流量，网络测试分为主动测试和被动测试。

1）主动测试：利用工具，主动注入测试流量进入测试网络，并根据测试流量的情况分析网络情况。该方法具有灵活和主动的特点，但注入流量会带来安全隐患。

2）被动测试：利用特定工具收集设备或者系统产生的网络信息，通过量化分析实现对网络的性能和功能等方面的测量。该方法不存在注入流量的隐患，但不够灵活且有较大的局限性。通过 SNMP 协议读取并分析 MIB 信息；使用 Sniffer、Ethereal 抓包分析等都属于被动测试。

（61）（62）（63）（64）**参考答案**：A C B C

🕮 **试题解析** Hello 用于发现邻居，保证邻居之间 keeplive，能在 NBMA 上选举指定路由器（DR）、备份指定路由器（BDR）。默认的 Hello 报文的发送间隔时间是 10s，默认的无效时间间隔是 Hello 时间间隔的 4 倍，即如果在 40s 内没有从特定的邻居接收到这种分组，路由器就认为那个邻居不存在了。Hello 包应该包含：源路由器的 RID、源路由器的 Area ID、源路由器接口的掩码、源路由器接口的认证类型和认证信息、源路由器接口的 Hello 包发送的时间间隔、源路由器接口的无效时间间隔、优先级、DR/BDR 接口 IP 地址、5 个标记位、源路由器的所有邻居的 RID。Hello 组播地址为 224.0.0.5。

（65）**参考答案**：B

试题解析　IP SAN 技术（又称 iSCSI）是在传统 IP 以太网架构的 SAN 存储网络，把服务器与存储连接起来。IP SAN 把 SCSI 协议封装在 IP 协议中，这样只用于本机的 SCSI 协议可以通过 TCP/IP 网络发送。IP SAN 成本较低，具有扩展能力和适用性等特点。

InfiniBand 架构是一种支持多并发链接的"转换线缆"技术，也是新一代服务器 I/O 标准，它将 I/O 与 CPU/存储器分开，采用基于通道的高速串行链路和可扩展的光纤交换网络替代共享总线结构。

InfiniBand 可以处理存储 I/O、网络 I/O，也能够处理进程间通信（IPC），InfiniBand 在主机侧采用 RDMA 技术，把主机内数据处理的时延从几十微秒降低到 1μs。

InfiniBand 可以将磁盘阵列、SAN、LAN、服务器和集群服务器进行互联，也可以连接外部网络，可实现高带宽（40Gb/s、56Gb/s 和 100Gb/s）、低时延（几百纳秒）、无丢包性（媲美 FC 网络的可靠性）。

（66）**参考答案**：B

试题解析　采用 Kerberos 系统进行认证时，可以在报文中加入时间戳来防止重放攻击。

（67）**参考答案**：C

试题解析　排除网络层故障的基本方法是：沿着从源到目标的路径，查看路由器路由表，同时检查路由器接口的 IP 地址。

（68）**参考答案**：B

试题解析　网络测试工具主要有以下 3 种：

1）线缆测试仪：该设备用于检测线缆质量，可以直接判断线路的通断状况。

2）网络协议分析仪：该设备多用于网络的被动测试，分析仪捕获网络上的数据报和数据帧，网络维护人员根据捕获的数据，经过分析可迅速检查网络问题。

3）网络测试仪：该设备多用于大型网络的测试。该设备属于专用的软硬件结合的测试设备，具有特殊的测试板卡和测试软件，常常用于网络的主动测试，可以综合测试网络系统、网络设备以及网络应用。该设备具有典型的 3 大功能：数据报捕获、负载产生和智能分析。

（69）**参考答案**：B

试题解析　分布式拒绝服务攻击是指借助于客户机/服务器技术，将多个计算机联合起来作为攻击平台，对一个或多个目标发动 DoS 攻击，从而成倍地提高拒绝服务攻击的威力。

（70）**参考答案**：A

试题解析　项目管理方法的核心是风险管理与目标管理相结合。

（71）（72）（73）（74）（75）**参考答案**：C　B　C　D　A

试题翻译　执行基于 IP 的 DoS 攻击，有不同的方法。最常见的基于 IP 的 DoS 攻击是攻击者发送大量连接建立请求（例如，TCP SYN 请求）以建立与控制器或 DPS 的挂起连接。这样，攻击者就可以消耗合法用户所需的网络资源。在其他情况下，攻击者通过用随机值欺骗全部或部分头字段，向数据域中插入大量假数据包。这些传入的数据包将触发表丢失，并在流请求消息中发送大量的随机包到网络控制器造成控制器资源饱和。在某些情况下，获得 DPS 访问权的攻击者可以在流请求消息中人为地生成大量的随机包，以使控制通道和控制器资源饱和。此外，DPS 间的多样性不足也助长了此类攻击的快速传播。

传统的移动回程设备由于其复杂性以及是供应商的专属设备，天然是防止攻击传播的。此外，传统的移动回程设备不需要与核心控制器频繁通信，而 DPS 与中央控制器的通信则需要频繁通信。这些特性降低了 DoS 攻击的影响和传播。此外，传统的回程设备是由多个网络元素共同控制的。例如，单一的长期演化（LTE）基站连接多达 32 个 MME（负责信令处理的关键节点）。因此，对单个核心元素的 DoS/DDoS 攻击不会终止回程设备或网络的整个操作。

（71）A．报文　　　　B．信息　　　　C．请求　　　　D．日期
（72）A．方法　　　　B．实例　　　　C．入手　　　　D．部门、节
（73）A．坏　　　　　B．真实　　　　C．伪造　　　　D．新的
（74）A．or　　　　　B．管理员　　　C．编辑　　　　D．攻击者
（75）A．or　　　　　B．of　　　　　C．in　　　　　D．to

网络规划设计师机考试卷 模考卷
案例分析卷参考答案与试题解析

试题一

【问题 1】参考答案

（1）3　　　　　　　　　　（2）系统运行中断造成的损失或者影响程度

试题解析　根据机房选址、建筑结构、机房环境、安全管理及对供电电源质量要求等方面对机房进行分级，计算机机房可以分为 A（容错型）、B（冗余型）、C（基本型）共 3 个级别。电子信息机房等级划分的依据是系统中断导致经济损失程度或者公共秩序混乱程度。

【问题 2】参考答案

（3）B　　　　　　　　　　（4）D　注：（3）、（4）可互换

（5）防雷接地　　　　　　　（6）联合接地的最小值或 1Ω

试题解析　防雷的三级保护包含 3 层内容：直击雷、感应雷和雷电感应干扰。相应的防雷措施也包含三级。

第一级避雷针（线），防止直击雷毁坏建筑物；第二级防雷器，防止感应雷破坏电气设备；第三级设备防雷，防止雷电感应干扰电子设备。一般是总配电安装第一级避雷器，选择相对通流容量大的 SPD（80～160kA 视情况而定），然后在下属的区域配电箱处安装第二级避雷器（10～40kA），最后在设备前端安装第三级信号避雷器。

安装 SPD（避雷器）要求安装处就近有接地扁铁，以便于雷电波通过避雷器时能够迅速泄放。需要接地电阻达到 1Ω 以下才行，有些地区有特别规定的可以放宽到 4Ω 以下，通常采用限压型 SPD，因此线路的长度不宜小于 5m。

【问题 3】参考答案

（7）A　　　　　　　　　　（8）B　注：（7）、（8）可互换

试题解析　机房送风包括风帽上送风、风管上送风、地板下送风等。最常用的方式是地板下送风。机柜近距离送风又称为近距离制冷、精确制冷等，包括机柜行间制冷（侧前送风、侧后回风）、封闭机柜内部制冷等。通常数据中心常用的机房空调系统气流组织方式有下送风上回风、上送风前回风（或侧回风）等方式。

（1）风帽上送风：风帽上送风方式的安装较为简单、整体造价比较低，对机房的要求也较低，所以在中小型机房中采用较普遍。风帽上送风机组的有效送风距离较近，约为 15m，两台对吹的有效送风距离也只能达到 30m 左右。由于送回风容易受到机房各种条件的影响，因此机房内的温度场相对不是很均匀。

（2）风管上送风：这种方式的造价高于风帽送风方式，而且安装维护也较为复杂，对机房的

层高也有较高的要求。通常层高要大于 4m。

（3）地板下送风：地板下送风方式是目前数据中心空调制冷送风方式的主要形式，在各类数据中心、运营商 IDC 等数据中心中广泛使用。在数据中心机房内铺设静电地板，机房地板高度由原来的 300mm 调整到 400mm 甚至 600～1000mm，才能适合地板下送风的方式。

【问题 4】参考答案

（9）垂直干线子系统或垂直子系统　　（10）管理子系统

（11）配线间子系统

试题解析　网络布线系统通常划分为工作区子系统、水平布线子系统、配线间子系统、垂直干线子系统、管理子系统和建筑群子系统等 6 个子系统。机房的布线系统主要采用管理子系统和配线间子系统。

【问题 5】参考答案

（12）√　　（13）√　　（14）×　　（15）√　　（16）√

试题解析　A、B 类机房对环境温度的要求是（23±1）℃，湿度是 40%～55%；C 类机房对环境温度的要求是 18～28℃，湿度是 35%～75%。

试题二

【问题 1】参考答案

（1）外部接入域　　（2）核心交换域　　（3）核心数据域　　（4）存储网络域

（5）核心应用域　　（6）终端接入域　　（7）安全管理域

试题解析

区域（1）连接了电信、联通等网络，所以为外部接入域。

区域（2）拥有核心交换机设备，所以为核心交换域。

区域（3）包含的是各类数据库，所以是核心数据域。

区域（4）包含了各类存储设备，通过光纤连接各类服务器、数据库服务器，所以是存储网络域。

区域（5）包含各类应用服务器，所以是核心应用域。

区域（6）包含各类终端，当然属于终端接入域。

区域（7）包含了漏洞扫描、数据库审计等设备，当然属于安全管理域。

【问题 2】参考答案

（1）存在问题；具体问题是核心交换域中核心交换机只有一台，存在单点故障的可能；解决办法是增加一台核心交换机，做双核心。

（2）存在问题；具体问题是 WAF 只能做 Web 应用防护，不适合架设在其他应用服务器前；解决办法是将 WAF 设备只部署在 Web 应用服务前。

试题解析　从拓扑图来看，该学校拥有的服务器设备、终端设备都比较多，还有独立的数据库区和存储区，属于较为大型的园区网络。

而拓扑图中的核心交换机只有一台，容易出现单点故障的问题。而核心交换机是整个网络的中心，一旦出现问题就会全网瘫痪，各类业务无法正常开展，更严重的可能会丢失数据，造成不可挽回的损失，所以应该增加一台核心交换机，成为双核心。

Web 应用防护系统（Web Application Firewall，WAF）是通过执行一系列针对 HTTP/HTTPS 的安全策略来专门为 Web 应用提供保护的一款产品。WAF 主要用途是包含 Web 应用，因此通过 WAF 连接网站群服务器是合适的；但是连接一卡通、虚拟服务器平台是不合适的，既浪费了 WAF 的性能，又增加了单点故障的风险。

【问题 3】参考答案

（8）物理安全　　　（9）网络安全　　　（10）系统建设管理

试题解析　通过访谈相关负责人、检查机房及其除潮设备等过程，测评信息系统是否采取必要措施来防止水灾和机房潮湿属于物理安全测评。

通过访谈安全员，检查防火墙等网络访问控制设备，测试系统对外暴露安全漏洞情况等，测评分析信息系统对网络区域边界相关的网络隔离与访问控制能力属于网络安全测评。

通过访谈系统建设负责人，检查相关文档，测评外包开发的软件是否采取必要的措施保证开发过程的安全性和日后的维护工作能够正常开展属于系统建设管理测评。

【问题 4】参考答案

部署漏洞扫描系统，可周期性地对网络中的设备、服务器进行安全漏洞扫描，发现安全漏洞，及时进行补丁更新，落实安全管理在安全运维方面的要求。

试题解析　漏洞扫描是指基于漏洞数据库，通过扫描等手段对指定的远程或者本地计算机系统的安全脆弱性进行检测，发现可利用漏洞的一种安全检测行为。部署漏洞扫描系统，可周期性地对网络中的设备、服务器进行安全漏洞扫描，发现安全漏洞，及时进行补丁更新，落实安全管理在安全运维方面的要求。

试题三

【问题 1】参考答案

（1）外网　　（2）DMZ　　（3）内网或者 trust　　（4）85　　（5）路由模式

试题解析　防火墙 3 个基本区域的名字和安全级别是最基础的概念。因为 SW1 的 g0/0/1 接口和云端的服务器接口有不同网段的 IP 地址，因此是路由模式。

【问题 2】参考答案

（6）SQL 注入

（7）①严格检查输入变量的类型和格式，进行严格校验；②过滤和转义特殊字符；③利用预编译机制

（8）WAF 或者 Web 应用防火墙

试题解析　考查 SQL 注入攻击的概念及应对方法。

针对 Web 应用的安全，最简单的方式是增加一个 WAF 设备，直接对 Web 应用进行安全防护。

【问题 3】参考答案

（9）ip-pool-net1　　　　　　　　（10）network 192.168.1.0 mask 255.255.255.0
（11）114.114.114.114　　　　　（12）Interface vlan 2
（13）192.168.1.254 255.255.255.0　（14）Dhcp select global

试题解析

（9）行后的语句为[Switch1-ip-pool-net1]，所以第（9）空填写 ip-pool-net1。

（10）行配置地址池 192.168.1.0/24。

依据地址池 192.168.2.0/24 的 dns-list 114.114.114.114 配置，192.168.1.0/24 的 dns-list 后面地址即第（11）空也应该配置为 114.114.114.114。

下一条命令中[Switch1-vlanif2]说明，第（12）空应该填写 interface vlan 2。

第（13）空应该为 vlan 2 使用的地址空间即 192.168.1.254 255.255.255.0。

第（14）行的功能是在接口下开启全局 DHCP 分配功能，所以填写 Dhcp select global。

【问题 4】参考答案

（15）ipconfig/all　　　　　　　　（16）存在非法的 DHCP 服务器

（17）开启交换机上的 DHCP Snooping 功能

试题解析

第（15）空应该为 ipconfig/all 命令，能查看当前计算机网卡的 IP 信息、DNS 信息、DHCP 服务器信息等。

由于故障机器上出现了错误的 DHCP 服务器和网关信息，所以判定系统出现了非法的 DHCP 服务器；可以通过在交换机应用 DHCP Snooping 来屏蔽接入网络中的非法的 DHCP 服务器。

【问题 5】参考答案

（18）ip route-static 0.0.0.0 0.0.0.0 210.112.1.1

（19）ip route-static 192.168.0.0 255.255.128.0　192.168.100.254

试题解析

ip route-static 是华为设备配置静态路由的命令。

ip route-static 0.0.0.0 0.0.0.0 210.112.1.1 是配置默认路由。

ip route-static 192.168.0.0 255.255.128.0　192.168.100.254 是配置回程默认路由。

网络规划设计师机考试卷 模考卷
论文参考范文

试题一 写作要点

一、摘要部分

摘要字数应控制在 300~330 字；摘要是对全文的总结，不能只是复制正文的第一段，应使阅读者阅读摘要后可对全文内容有个基本的了解。

二、正文部分

（1）正文字数应在 2200 字左右；正文的主要任务就是一一回答题目的几个问题。

（2）首先可简述无线网络项目，即说明项目由谁发起、由谁完成、干系人是谁、功能是什么、解决什么问题、什么时候开始、什么时候完成、耗资多少等问题。同时说明自己在项目中担当什么角色。建议尽量突出项目的资金量大、周期长、项目复杂、干系人众多。

（3）接着简述当前无线网络应用中面临的各类安全问题。

（4）详细阐述无线网络项目中应用的各类网络与信息安全技术（比如防 AP 信号干扰、无线网用户身份认证、安全态势感知、系统漏洞扫描、无线终端用病毒防治等）。

（5）阐述应用各类安全技术取得的成绩与效果、实施与维护安全设备过程出现的问题与局限、后期的改进措施与展望。

三、参考范文

摘要：

> 2019 年 3 月我参加了某某市政府政务中心新办公楼园区网的设计工作，负责项目的规划与设计工作。作为在市政府信息化部门工作的我深知政府网络除了满足基本的网络连通性外，还应重点考虑网络的安全，特别是随着无线技术的发展，无线网络给使用者带来方便的同时，其相关的安全问题也越发突出。本文只对网络的建设部分作简单概述，重点讨论的是针对目前无线网络存在的密码破解、SSID 假冒、非法 AP、访问权限等问题。我在项目设计中采取了 Portal 认证、SSID 安全规划与设计、启用非法 AP 接入、ACL 等防范技术对无线安全问题进行防御。
>
> 项目进展得十分顺利，基本达到了预期目标，并得到了业主方和我方领导的正面肯定。
>
> 另外，在项目的实施过程中，发现通过向导方式创建 AP 配置，SSID 无法配置成中文，经与厂商沟通，通过手动更改配置实现中文的支持。

正文：

> **一、项目背景**
>
> 政务中心作为某某市的市民办事窗口及机关单位办公区，对外提供社保、工商、民政等办理业务，因市政府整体南迁，现有的办公楼将于 2017 年 8 月底前整体搬迁至新规划的办公楼，新的办公楼将建设有线及无线园区网络，网络建成后统一接入市电子政务外网。我作为市信息化部门的技术负责人，负责整个网络的规划与设计工作。整个项目使用市政府财政资金，我单

位承担项目的规划、设计和实施工作,项目整体预算 730 万元、项目工期 3 个月,要求在 2017 年 6 月底前完成项目的建设工作。

在早期的政府网络中,更多的是考虑网络的易用性,对于与易用性对立面的安全问题,并没有过多的考虑及要求,随着《中华人民共和国网络安全法》的出台,以及国家领导人提出"没有网络安全、就没有国家安全"这一指导思想,政府对网络的安全问题开始越发重视,针对上述背景,本项目在完成网络的基本建设外,重点应考虑网络的安全,特别是无线网络的安全。以下将重点围绕无线网络安全中的密码问题、认证问题、SSID 问题、非法 AP 问题、访问权限等问题通过 Portal 认证的账户认证与短信认证相结合、多 SSID、隐藏 SSID、中文 SSID、开启防非法 AP 接入、MAC 绑定、ACL 控制等技术手段进行防御。

二、无线网络安全问题概述

随着智能手机、IPAD 等移动终端的发展,现在的网络用户也开始使用无线网络进行网络支付、移动办公和网上娱乐等。移动网络给用户带来便捷的同时,也带来了各种安全风险,这些风险主要包括无线密码被破解,非法用户伪造 AP 热点获取用户的重要信息,通过无线网络访问未授权资源等内容。

三、无线网络安全防范技术

无线网络安全防范技术主要包括 Portal 认证、防非法 AP 接入、MAC 地址绑定、白名单、更安全的加密算法、WIPS 及通过合理的无线网络规划(包括 SSID、访问权限设计等),其中,Portal 认证技术是指利用外部的认证系统提供密码认证、短信验证码认证、微信认证功能,满足不同用户的认证需求;防非法 AP 接入技术是指利用 AC 自带的功能,提供非法 AP 接入告警、阻断功能;MAC 地址绑定技术是指将授权范围内的 MAC 地址进行绑定,只有绑定的 MAC 地址移动终端才能接入网络;白名单技术与 MAC 地址绑定技术有相似之处,即将授权的用户设置为白名单,未授权的用户设置为黑名单;更安全的加密算法技术是指在认证系统中使用更加安全的密码算法,如 WPA2,用于替代已经不安全的 WEP 加密算法;WIPS 技术,类似于有线网络的 IPS,能够全网监测通信流量,主动扫描安全攻击,及时阻断。

四、无线安全防范方案

无线网络的安全主要考虑的是无线接入终端到 AP 之间的安全,AP 以上的安全可以通过有线网络的安全措施进行防御,以下将从 Portal 认证、SSID 规划、启用非法 AP 接入、MAC 绑定及访问权限设置 5 个方面进行设计。

1. Portal 认证

常见的认证方式有无认证、802.1x 认证、AC 密码认证、Portal 认证等方式,本设计通过对安全性、后期的可管理性及结合其他市政府的无线网络认证方式的对比,最终选择安全性更高、管理性更好的 Portal 认证方式。Portal 认证采用密码及短信认证组合方式,其中对于内部办公用户及重要领导用户采用密码认证,对于普通访客采用短信认证,认证系统使用华为的 Agile controller campus。

基于密码的认证采用安全性更高的 WPA2+AES,这种方式对于暴力破解的软件可以有效地进行防御,这种认证方式是目前企业、政府针对内部用户认证使用较普遍的方式。对于普通访客采用基于短信验证码的认证,可以记录认证用户的相关信息,这种认证方式在机场、商场等公共区域使用较普遍。

2. SSID 规划

本项目针对不同的用户设计办公用户、访问、重要用户 3 个 SSID,并且使用更不容易破解的中文名,其中重要用户为政务中心的重要领导及对安全性要求特别高的重要部门人员。

无线密码破解,通常使用国内外的软件先扫描出 SSID,然后进行破解,这种软件尤其以国外软件居多，像早期的 BT5 等软件，对于国外的破解软件往往对中文支持不友好，即不支持破解中文的 SSID，所以本方案配置 AC 支持的中文 SSID。目前，国内的破解软件主要有万能钥匙，这种破解软件与国外的不同，这种采用"人人为我、我为人人"的方式，即只要装了万能钥匙，实际上你连接过的所有无线的密码已经上传给了万能钥匙的后台，即你共享了密码。

隐藏 SSID 其实也是一种较好的安全方式，但是由于这种方式管理复杂，易用性差，往往在较小数量用户的无线环境中使用，在本项目中并不适合。

3．启用非法 AP 接入

无线网络最大的特征就是易于部署、易于扩展，对于有无线需求的用户，通常可以通过加装无线宽带路由器、随身共享 WiFi、移动热点等方式，这往往给网络管理者带来了管理上的困难。同时，更有甚者，伪造相同的 SSID，进行中间人攻击，从而截获使用者发出的银行卡账户、密码等信息。为了解决上述问题，最好的办法就是在 AC 上启用非法 AP 检测功能，通过这种方式可以及时发现非法接入的 AP，并让管理员根据实际情况做出处理的策略。

4．MAC 绑定

MAC 绑定就是把已认证通过后的用户与 AP 进行绑定，对于未认证的用户拒绝接入无线网络，但这种方式类似于隐藏 SSID，只适合规模不大的网络。本项目中对于用户数量不多的重要用户采用这种方式实现，这种方式能够更好地解决重要用户对于数据机密性的问题。

5．访问权限设置

对不同的接入用户设置不同的访问权限，即重要用户可以访问所有网络资源，办公用户只能访问互联网及内部的 OA 系统、访客只能访问互联网，同时在 AC 上设置访客不能访问真实 AP 用户。

五、效果及下一步改进措施

根据用户的使用需求，通过全面细致的设计，方案取得了很好的效果，特别是在无线网络安全防御方面，项目成功上线后，通过邀请第三方安全评估公司对无线网络的安全进行测评，通过从安全架构、密码破解、非法 AP 接入、访问权限等方面进行测评，整体评价良好。

虽然项目取得了成功，但在实施过程中还是存在着不足，如在 AC 上通过配置模板给 AP 配置无线配置时发现 SSID 不能设置成中文，后经与设备厂商研发的沟通，最后通过手动对已生成配置进行修改实现中文的支持，后期我将在项目实施过程中注意提前与厂家沟通，选择对中文 SSID 支持更加友好的设备型号，以便对项目作出更好的设计，同时提升作为网络规划师的能力和水平。

试题二　写作要点

一、摘要部分

摘要字数应控制在 300～330 字；摘要是对全文的总结，不能只是复制正文的第一段，应使阅读者阅读摘要后就能把握全文内容。

二、正文部分

（1）正文字数应在 2200 字左右；正文的主要任务就是一一回答题目的几个问题。

（2）简述作者参与的虚拟化应用项目，即说明项目由谁发起、由谁完成、干系人是谁、功能是什么、解决什么问题、什么时候开始、什么时候完成、耗资多少等问题。同时说明自己在项目中担当什么角色。建议尽量突出项目的资金量大、周期长、项目复杂、干系人众多。

（3）简述当前常用的虚拟化技术（比如网络设备与防火墙设备虚拟化、网络存储虚拟化、本地存储虚拟化、服务器虚拟化、虚拟化服务器备份、迁移与恢复、云桌面、企业私有云、公有云、混合云等）。

（4）详细论述你参与设计和实施的虚拟化项目方案。

（5）阐述应用各类安全技术取得的成绩与效果、实施与维护安全设备过程出现的问题与局限、后期的改进措施与展望。

三、参考范文

摘要：

> 2019年5月，我作为北京地区某三甲医院信息中心副主任，参与了我院数据中心虚拟化改造项目，在项目组中担任甲方技术负责人。我院信息系统包含门诊业务系统和管理系统两大类，共计30余个应用，由于前期缺乏规划，现有的应用系统是一个应用系统使用一台物理服务器，由于医院业务的发展，每年都会有新增的应用系统上线，但机房空间已接近饱和，另外各个服务器的利用率却十分低下。为了解决以上问题，我院决定进行虚拟化改造项目。项目目标是实现减少服务器的数量，提高资源的利用率，降低能源消耗；提升业务系统的连续性，具备容灾能力；应用快速灵活部署；存储资源池化，统一管控等。项目总投资210万元，于2019年9月完成，项目完成后整体运行平稳，达到了预期的目标，得到了相关部门的一致好评。

正文：

> 我院是一家集医疗、教学、科研、急救、保健等多功能为一体的大型综合性医院。虚拟化改造前医院IT结构中，HIS、PACS、RIS、LIS、电子病历、社会保险等系统都是在不同时期独立、分批建成的，各系统的数据处于分散存储的状态，存储的方式和介质也各不相同。这种结构造成了不同业务系统在资源的利用上难以共享和平衡。同时，随着医院信息化进程的加快，新的应用不断增加，这就意味着服务器数量的激增，随之而来的功耗问题使数据中心在电力、环境、安全等方面面临更大的压力。我院信息系统在虚拟化改造之前有30余个应用系统，由于系统上线时间不一，对操作系统和硬件的要求也不一样，基本上每个应用系统占用一台物理服务器。目前面临的问题主要有以下几个方面。第一，服务器数量庞大，由于医院业务的不断拓展，每年都会有新的应用系统上线，而现有机房的面积已经接近饱和。第二，业务连续性差，一旦服务器出现问题，恢复时间通常在小时量级，如果采用传统的1+1热备方式，总体拥有成本TCO过高。第三，各个物理服务器的利用率十分低，平均利用率在10%左右。第四，现有应用系统采用的存储方式为DAS方式，扩展性差，且备份方式繁多，无法统一管理，备份工作量繁重。第五，现有服务器中有1/2左右存在超期服务的现象，但由于应用系统开发方的问题，应用系统和现在的操作系统、硬件的兼容性不好，不能在新服务器上运行。经过评估、考察和论证，最终决定采用虚拟化技术对数据中心进行改造从而解决上述问题，项目总投资210万元，建设周期4个月。系统由本地一家公司负责建设，属于交钥匙工程，在本项目中我是甲方的技术负责人。
>
> 分区、隔离、封装和独立是虚拟化技术的特点。虚拟化技术是一种池化的调配计算资源的方法，它将应用系统的不同层面，包括硬件、软件、数据、网络、存储等一一隔离开来，从而打破数据中心、服务器、存储、网络、数据和应用中的物理设备之间的划分，实现架构动态化，并达到集中管理和动态使用物理资源及虚拟资源，以提高系统结构的弹性和灵活性，降低成本、改进服务、减少管理风险等目的。虚拟化技术按系统层级划分，可以分为服务器虚拟化、存储虚拟化、网络虚拟化、应用虚拟化以及桌面虚拟化。本项目主要包括服务器虚拟化和存储虚拟化两部分。
>
> **一、产品选型**
>
> 服务器虚拟化的主流产品主要有VMware公司的vSphere产品、微软公司的Hyper-V产品、

思杰的 XenServer 产品，经过产品横向技术对比、价格对比和市场占有率对比，最终本项目选用了 VMware 公司的 vSphere 产品。物理服务器新采购了联想的 X3650M5 系列机架式服务器 7 台(每台服务器计划承载 8 个应用,其中 1 台做冗余)，服务器配备了双至强 E5 系列 CPU,128GB 内存，双 SAS 硬盘。利用一台原有服务器作为虚拟化管理服务器（vCenter Server）使用，除 3 台保留外，其他服务器分配给下属一级社区卫生服务站作为社区 HIS 服务器使用。存储虚拟化产品选用了华为公司的存储虚拟化整体解决方案（Ocean Stor 5600+SNS3664）进行实现。

二、系统实施

我院现有 30 多台服务器需要虚拟化，每台服务器的 CPU 利用率都非常低,只有8%～10%，内存使用量在 4～8GB 之间。在虚拟化时，即使一台物理服务器有足够的内存和处理能力，根据 VMware 推荐的标准，在其上运行的虚拟机数量为 8 个左右，考虑到业务增加率和备份的需要，本项目中单台物理服务器承载的虚拟机数量为 8 个，除此之外再增加一台冗余备份服务器。每台服务器的配置为双至强 E5 系列 CPU，128GB 内存，双 SAS 硬盘，4 个千兆网卡，1 个 HBA 卡。双硬盘做成 RAID1 镜像，存放 vSphere 系统文件，提高系统的可靠性；128G 内存按照每台虚拟机 16G，并预留一定的冗余。

服务器到位后，首先规划系统名称及 IP 地址空间，然后安装系统软件，安装虚拟化底层软件，进行系统注册，然后通过 vCenter Server 进行资源池及虚拟机的建设及迁移。应用的虚拟化转换和迁移采用统一规划，逐步实施，统一切换的策略进行，尽量避免出现由于迁移引起的业务中断。

三、虚拟化改造的成果

（1）大幅度减少了数据中心机房服务器的数量，降低了硬件采购成本。同时提升了服务器的利用率。改造后，单台物理服务器的 CPU 使用率在 40%～50%，内存使用率在 40%左右。极大地降低了机房的设备密度，用电成本大幅下降。

（2）通过 vMotion 动态迁移技术，实现在线迁移应用而服务不中断，可以实现主机迁移和存储迁移，提升了业务的连续性。物理服务器的故障不影响业务系统的正常使用，提升了业务的可用性。

（3）利用虚拟化资源调度技术 DRS，按需自动进行资源调配，可实现动态负载均衡和连续智能化，保证所有应用得到需要的资源，还可以实现跨资源池的动态调整资源，也可以基于预定义的规则只能分配资源，这样有效地提升了资源利用率，降低了管理成本。

（4）延长了部分老旧应用的使用寿命，保护原有投资。现有应用中有部分应用开发时间较早，且较难进行升级，但由于各种原因还需要上线运行，这种应用对现在主流的操作系统和硬件都存在着兼容性的问题。但承载这些应用的物理服务器的使用年限最长的已经达到 8 年，设备老化严重。虚拟化技术可以将这些应用封装成文件形式运行在虚拟机中，延长了老旧应用的使用寿命，且不存在服务器宕机的隐患。

在院领导的大力支持下、在承建方的不懈努力下，本项目得以在规定日期内完成并顺利通过验收，这也和整个项目组的付出是分不开的。项目完成并验收后，整体系统运行平稳，达到了预期的效果。虽然项目取得了成功，但在有些方面还是存在不足。最主要的问题就是基于虚拟化数据中心的管理制度不完善，现有制度是基于传统的数据中心，不适用于虚拟化的数据中心，这方面还需要加强人员培训和制度建设，在后期的运维工作中不断完善。虽然项目取得了一定的成功，但我深知，我的能力还有这样那样的不足，需要在今后的工作中努力学习，不断提升自己在网络规划设计方面的能力。